JN042761

16歳からの相対性理論

アインシュタインに挑む夏休み

佐宮圭 著／松浦壮 監修
Samiya Kei　Matsuura Sou

★──ちくまプリマー新書
375

挿画・杉基イクラ

目次 ＊ Contents

一日目　猿は飛び降りても助からない

ベーコンが、いい具合に焼けた。鈴木《すずき》数馬《かずま》はフライパンを持ち上げ、皿の上でつやつや光る目玉焼きの横にすべり落とす。

リビングのテーブルまで運んだとき、母親の鈴木蓉子《ようこ》が入ってきた。

おはよ、と眠そうな声でつぶやいて、ランニングウェア姿の数馬をちらっと見る。

「部活？」

数馬がうなずくと、蓉子はテーブルの上に並んだ朝食に視線を移して、

「おいしそう。明日の朝は、私がつくるね」

申し訳なさそうに言うと、洗面台の方に消えた。

数馬は、顔を洗っている蓉子の耳にも届く声で尋ねる。

「母さん、今日も遅くなる？」

「ううん、七時には帰って来れると思うから、晩御飯、一緒に食べられそう」

数馬は無言でうなずくと、床に置かれた大きな肩掛けバッグに歩み寄り、中身の点検を始

めた。

ふと窓の外に目をやる。入道雲がわいている。まぶしいくらいに白い。

「何見てるの？」

リビングに戻ってきた蓉子が、タオルで顔を拭きながら尋ねた。

「なんにも」

「じゃあ、何か、考えごと？」

「べつに」

「一昨日《おととい》の夜から、なんとなく私を避けてる感じがするし、今朝は、なぁんか、そわそわしてる……ってことは……」

「なんだよ」

「会えるのがそんなに待ち遠しい？」

数馬は思わず動きを止めてしまう。

「なんの話だよ」

蓉子はイスに座り、からかうように、

「今日、デートなんでしょ」

「ちがうよ。土手でランニングしてから、部活に行くだけ」

「なぁんだ、つまんない」とつぶやいて、蓉子はヨーグルトに蜂蜜を垂らす。

「高校生にもなって、夏休みにデートする相手もいないなんて、さびしくない？」

「しょうがないじゃん。この街には三月に引っ越してきたばっかで、中学んときの同級生いないし、高校のクラスの女子とは、まともに話したことないし」

「じゃあ、さっき、何考えてたの？」

「だから、なんにも……ただ……光って、止まるのかな」

「何、それ」

「アインシュタインって、わかる？」

「有名な科学者でしょ」

「アッカンベーしてる爺《じい》さんっていうイメージしかなかったけど、物理の授業で先生が『人類史上、最高の天才』って言ってた。そんなに頭のいい人間が、十六のとき、もし光の速度で並んで飛んだら、光は止まって見えるのかって、悩んだらしいんだ」

蓉子は「そうなの」と興味なさげに言うと、トーストにかぶりつく。

数馬は、窓いっぱいにわき立つ入道雲を眺めながら、

「寝ても覚めても、そのことばっかり考えてたって。まるで、アインシュタインは光に恋しているみたいに……その話を聞いてから、いままで気にしたことなかったのに、急に、光ってふしぎだなって……」

数馬の視線が明るい空から窓の下の置き時計に落ちる。

「やばっ、ランニングする時間がなくなっちゃうよ。行ってきます」

慌ててバッグをかつぎ、玄関に向かう。

「いってらっしゃい」という蓉子の声を背に、数馬はドアを勢いよく開けた。三階から一階まで駆け下り、駐輪場で自転車に乗り、朝の町へと漕《こ》ぎ出す。

商店街を走り、踏切を越える。駅前の繁華街を抜け、バス道の信号を渡った先は、なだらかな下り坂だ。飛び去る景色に畑や空き地が混じり始め、神社の前を過ぎると、家よりも田んぼの方が多くなり、やがて緑におおわれた土手に突き当たる。

道の脇に自転車を止め、石段を駆け上ると、視界が一気に広がった。

上半分は、ぜんぶ空。対岸は青くかすみ、川面《かわも》がきらきら光っている。

視線を下ろし、手前の河川敷の大きな木に目をやる。

誰もいない。指定された待ち合わせの時刻まで、まだ時間があった。いつもの場所まで走って戻って来ても、十分、間に合いそうだ。

数馬は準備運動を軽めにすませ、土手の上の道を上流の方へと走り出す。

夏の陽《ひ》に焼かれた肌に湿り気を含んだ風が心地いい。草の青い匂いに川の真水の匂いが混じっている。

いつもの折り返し地点の近くまで来て、数馬はペースを落とした。

前方の土手の傾斜に女の子が座っている。夏休みなのに制服を着ていた。数馬が通う高校の制服だ。落ちかかる長い髪で、横顔は見えない。

あと数メートルのところまで来たとき、女の子は背をそらし、髪を後ろへ払った。

メガネをかけていた。頰は透き通るように白い。

彼女の真後ろを過ぎたあと、横顔を盗み見ようと、数馬は首だけでふり返った。

こちらを向いている。にらんでいるように見えた。

数馬は慌ててペースを上げ、数メートル先のいつもの折り返し地点までダッシュして止まり、インターバルの運動を始める。

もも裏の筋肉と股関節を伸ばし終えると、数馬は深呼吸しながら〈あの子の近くは、できるだけ速く駆け抜けよう〉と決めた。

ふり向きざま、勢いよく左足を踏み出した瞬間、思わず「うわっ」と声をあげた。すぐそこに彼女が立っていた。

前傾姿勢の勢いを止めることができない。ぶつからないよう、左足を外に踏み切り、右斜めに飛ぶ。肩が少女の腕に触れたが、なんとか、ぶつからずにすんだ。バランスを崩しながらも右足、左足と踏んばったけれど、土手の上の道から外れた三歩目は傾斜する芝にうまく着地できず、がくんとつんのめる。斜面の草の上を転げ落ち、空の青と芝の緑が現れては消え、やがて、色も形も音も、すべてが止まった。

まぶたの裏に星がまたたき、体の芯からしびれが広がっていく。

とっ、とっ、と芝を踏む音が近づいてくる。

目をあけると、澄んだ瞳が心配そうに尋ねた。

「だいじょうぶ?」

言葉といっしょにいい匂いがする。驚いて頭を起こすと、彼女はすっと顔を引いた。もう少しで、くちびるが触れるところだった。

数馬が「大丈夫」と答えると、彼女は体を離し、川に向かって座り直した。

目も、鼻も、口も、一つひとつの形はきれいだが、長くてぼさぼさの髪のせいで、顔の印

象が定まらず、かわいいのか、そうでもないのか、よくわからなかった。

数馬は上半身を起こしながら「なんで、あんなところに?」

彼女は川を眺めたまま「話したかったから」

声と匂いはとても魅力的だ。

「何を」

彼女が川に向かって問いかける。

「光って、不思議だと思わない?」

「ふしぎ?」

「だって、**光の速さだけは、ずっと変わらない**から」

「速さが変わらない?」

彼女は困ったような表情を数馬に向けた。しかし、会っていきなり光の話を始められた数馬の方こそ、戸惑っていた。

「光が真空中で１秒間に進む距離、つまり光の速さは、いつまで経《た》っても、秒速２億９９７９万２４５８メートルのままでしょ」

「そうなの?」

「そんなことも知らないの？」

「そんなの、知るわけないじゃん」

「一九八三年にそう決まってからは、いまも、これから先も、ずっと、秒速2億9979万2458メートルのまま、変わらないの。それって、おかしくない？」

　少し怖くなってきた。

「変わらないんだから、しょうがないんじゃないの」

「この三十数年、科学がすごい勢いで進歩して、速度の計測器も精度をどんどん高めてるのに、どうして『最新の装置で測ったら、秒速2億9979万2458メートル7センチでした』とか『さらに正確に測れるようになったら、秒速2億9979万2458メートル7センチ3ミリだった』とかってならないの？」

「それは……なんていうか……」

「とりあえず、その理由を考えて」

「なんで、そんなこと、俺が考えなくちゃいけないんだ」

「明日、同じ時間にここで待ってる。そのとき、光の速さが変わらない理由を教えてくれたら、あなたの質問に答えてあげる」と言うと、彼女は土手の斜面を上り始める。

「ちょっと待って。まだ名前も知らないのに……」

彼女は土手の上でふり返り、シュレ、とつぶやいた。

「しゅれ？」

「そう、シュレ」

「え……じゃあ、俺は……」

「鈴木数馬くん。陸上部の一年生。朝、ここで走るのが日課……でしょ」

「なんで知ってるの？」

「同じ高校だもん。だから『シュレさん』って、ちゃんと『さん』づけで呼んでよね。わたしは二年生で、あなたの先輩だから」

彼女は土手の向こうに消えた。

あとを追おうとしたが、足がもつれて、うまく芝の斜面をのぼれなかった。

なんとか土手の上の道まで這《は》いあがったとき、もう彼女の姿はなかった。

体のあちこちが痛くて、スタート地点に戻るまで、往路の倍近くかかった。

スローペースで流しながら、待ち合わせ場所に指定された河川敷の大きな木を見る。

小学校の低学年くらいの男の子が二人いた。一人は砲丸投げのかまえで、スイカくらいの大きさのビニールのボールを木の枝に投げつけようとしている。

土手の上のランニングコースを外れて、斜面の芝生を斜めに下り始めると、濃い緑の枝葉のかげから声が聞こえた。

「いいか？　サン、ニー、イチ、ゼロで、ゼロって言ったらボールを投げるんだよ」

ひさしぶりに聞く、懐かしい声だ。

土手の下の河川敷の砂利道に降りて、大きな木の方へ歩き始めると、さっきの子どもがボールで何を狙っていたのか、わかった。

ダークスーツで正装した鈴木宗士《そうし》郎《ろう》が、太い枝に腰掛けていた。枝の高さは、地面までゆうに2メートルはあった。落ちたら、ただでは済みそうにない。

「じゃあ、いくぞ！　サン、ニー、イチ、ゼロ！」

子どもがボールを投げるのと同時に、宗士郎は枝から飛び降りた。ボールは放物線を描いて、落ちる途中の宗士郎のお腹に当たる。宗士郎は着地の瞬間、足をバネのように縮めたが、衝撃を吸収しきれず、尻を強く打ちつけ、大きな体が地面に転がった。

子どもたちが心配そうに駆け寄ると、宗士郎は素早く立ち上がり、ひとなつっこい笑みを浮かべて「ほらな。ボールは重力に引っ張られて落ちながら飛んでくるから、まっすぐに落ちてる猿に見事に命中するんだ。わかったか」

子どもたちが真剣な表情でうなずくと、宗士郎は笑みを消して「それから、絶対に真似《まね》しちゃダメだぞ。子どもがあんなところから飛び降りたら、足を折ったり、下手すると死んじゃうからな。またなんか、わかんないことがあって、近くにおじさんがいたら質問してくれ。じゃあ、今日の実験はこれで終わり。解散！」

子どもたちは「ありがとう」「またね」と叫びながら、土手を駆け上った。

彼らの背中を眺めていた宗士郎が、歩み寄る数馬の足音に気づいてふり返る。

彫りの深い端正な顔立ちが、笑みでくしゃくしゃになる。

「ちょっと見ないうちに、ずいぶん背が伸びたな」

長い足でスタスタと歩み寄る宗士郎の言葉は無視して、数馬は大木を見上げる。

「何やってたの？」

「野球帽かぶってる方の子が、あの枝に座ってた子にボールを渡そうとしてたんだ。その子めがけて何度も投げるんだけど、届かなくて困ってたから、助けてやったんだよ。ボールも落ちながら飛んでるから、もっと上の方を狙って投げないと届かないっていう物理法則の基本を教えるついでに、『猟師と猿の実験』も実演してやったんだ」

「四十過ぎのおじさんが、あんな無茶しちゃダメだろ」

「そう言うおまえだって、どこかで暴れてきたんだろ」

「はぁ?」

「ほら、そこ、すりむいて血がにじんでる」

数馬は右ひじをちらっと見る。いろんなところが痛かったから、気づかなかった。

「で、話したいことって、なんだよ」

数馬が尋ねると、宗士郎はあたりを見回しながら「ここはいい。おれが小さいころに遊んでたときと、ほとんど変わってない」

「そんな話がしたくて呼び出したの?」

「いや、そうじゃなくて……」

「早くしてよ。あんまり、時間がないんだ」

「夏休みなのに、急ぎの予定があるのか」

「部活だよ」

「そうか。野球部には夏休みなんて関係ないもんな」

「野球部じゃないよ」

「え？」

「陸上部なんだ」

宗士郎の悲しげな眼差《まなざ》しに耐えきれず、数馬は視線をそらす。

「ボール投げてるより、走ってる方が楽しいよ」

遠くで電車が鉄橋を渡る。川は夏の陽射《ひざ》しにきらめいている。

気まずい沈黙を終わらせたくて、数馬はつぶやく。

「なんで光の速さは変わんないんだろ」

「光の速さ？」

「ほら、光の速さって、秒速……秒速……」

「2億9979万2458メートル、だろ」

「そんな細かい数字、覚えてるの？」

「肉、食うな！　急に横槍《よこやり》」

「はぁ？」

「うまそうに焼けた肉を食べようとしたら『肉を食べるな！』って急に横槍を入れられたっ

ていう意味だ」

「いや、そうじゃなくて……」

「語呂合わせだよ。『肉』の『に』で、2億、『肉』の『く』と『食うな。急』で9と9と7と9、つまり、9979万だ。あとの『に横や』で2、4、5、8、つまり2458メートル。全部合わせたら、光が真空中を進むときの秒速、2億9979万2458メートルってわけだ。どうだ、覚えやすいだろ」

「『り』は」

「り?」

「横槍の最後の『り』は」

「『り』は……気にするな。おまけだ。そんなことより、なんで、光の速度が変わらない理由を知りたいんだ」

「なんでって、ふしぎだから、知りたくなっただけだよ」

「そうか……まあ、好奇心っていうのは、何よりも大切なものだからな」

突然、宗士郎が川に語りかける。

「私は天才なんかじゃない。ただ、好奇心があまりに強すぎるだけだ——この名言、知ってるか」

　数馬が首をふると「けっこう有名なんだが……ま、いっか。ところで、おまえ、今日は時間あるのか」

「あと四、五分くらいなら大丈夫だけど」

「それじゃ、教えるのは無理だな」

「そんなに長くかかる話？」

「ちゃんと理解できるよう説明するには、二十分か、せめて十五分くらいは……また今度、会ったときに教えてやるよ」

「明日の朝までに知りたいんだ」

「明日の朝？　なんで、そんなに急いでるんだ」

「理由なんてないよ。わかんないまんまだと、気持ち悪いから」

「そっか……今日の夕方、時間あるか」

「部活は五時に終わって、七時ちょっと前までに家に帰れたら問題ないけど」

「じゃあ、ここに六時に来れるか」

　数馬がうなずくと、「決まりだ。おれも学会で発表が終わってすぐタクシー飛ばせば、六時にはここに着けるから、そんとき、光の話を教えてやるよ」

宗士郎はひとなつこい笑みを浮かべ、別れの挨拶の握手を求めて、手をさし出した。

数馬は気づかないふりをして、土手の斜面を上り始める。

川下へと走りながら、ときどき目だけでふり返った。

宗士郎は、いつまでも数馬を見送っていた。


東西にのびる四階建ての校舎の南側にグラウンドが広がっている。

間に挟まれた石畳の直線に入ると、数馬は速度を上げた。

長細い校舎の手前側、東の端の昇降口を走り過ぎたあたりで、飯塚拓也《いいづかたくや》が追いつく。

「あっちぃ」

拓也は数馬と並走するなり、ぼやいた。

「夏休みだっちゅうのに、なんでオレたち一年だけ、毎日毎日、バカみたいにグラウンドのまわり走らなきゃなんねぇんだ」

遅れて追いついた西木《にしき》伸一《しんいち》が、いつものようにぼそりと言う。

「ボク、走るの、きらいじゃない」

数馬より頭一つぶん背の低い拓也が、数馬より頭一つぶん背の高い伸一を見上げる。

「おまえは足が長ぇから、ゆっくり動かすだけでスピード出るし、ガリッガリだから疲れないだろ」

数馬は、うんざりした口調で「陸上部なんだから、ランニングは基本だろ」

「数馬は長距離の選手だからいいよ。オレの専門は砲丸投げだぞ？　ランニングなんてクソの役にも立たんだろ」

「どんなスポーツだって、スタミナは必要だろ。伸一だって走り高跳びの選手なのに、黙って走ってるじゃん」

「走り高跳びは助走すんだろ？　砲丸投げの選手がダッシュしながら投げてるの、見たことあっか」

いい加減、腹が立ってくる。

数馬と拓也と伸一はクラスが同じで、部活も一緒に入った。陸上部の一年生は三人しかいないから、学校にいる間じゅう、つるんで、くだらないことをくっちゃべった。

でも、走るときくらいは、頭をからっぽにしたかった。

そんな数馬の気持ちも知らず、拓也は愚痴を続ける。

「あぁ、なんで陸上部なんかに入っちまったんだろ」

校舎の西の端の昇降口の前を通り過ぎると、三人は、グラウンドの角に設けられたバックネットを回り込むようにして、左に曲がる。

キン、カンという金属バットの音や、守備練習する野手があげる気合に、蝉《せみ》の声が混じる。

校庭の西側のコンクリートブロックの塀にそってケヤキが並び、グラウンド脇の未舗装の道に緑の枝葉を伸ばしている。

数馬は、土色の路面にこぼれる陽光を眺めながら、

「陸上部に入ろうって言い出したのは、おまえだぞ」

「しゃぁねぇだろ。サッカー部とか野球部とかバスケ部とか、人気のクラブは練習がきついって話だし、砲丸投げだったら、時々、鉄の球投げてりゃ、あとは楽できるって思ったんだから」

「そんな理由で、俺と伸一も誘ったのか」

「いいじゃん。伸一はちっちゃいころから動物好きで、小学校んときは飼育部、中学んときは生物部があったから、魚とか小鳥とか、かわいがってりゃよかったけど、この高校には、そんな部ないんだし」

数馬は、伸一が小鳥と戯れる姿を想像してみる。目は切れ長でくちびるは薄く、のっぺりした顔の伸一は、どこか爬虫類《はちゅうるい》っぽい。小鳥をかわいがる動物好きというよりも、獲物に舌なめずりするヘビの方が近い気がした。

「どうせ数馬も、中学の陸上部で長距離やってたんだろ？　じゃなきゃ、部活でもないのに、毎朝、土手走ったりしねぇよな」

「数馬くんは……」と伸一が話に割りこむ。「中学まで、野球、やってたんだって」

拓也は驚いて伸一の顔を見上げた。

「ボク、中学のときに数馬くんと対戦したことがあるっていう友達に聞いたよ。三年の夏の大会はピッチャーで四番を打って、都大会までいったって」

「だったら、なんで野球部に入んなかったんだ？」

数馬は、拓也の問いかけに答えず、走り続ける。

「なんで無視すんだよ。まさか、オレが陸上部に誘ったせいじゃねぇだろうな」

「肩、壊したんだ」

「壊した？」

「もう限界だったのに、内緒にして、無理やり連投して、やっちまったんだ」

「治らないのか」

「キャッチボールくらいならできるよ。全力投球は、もう無理だろうけど」と言って、数馬は少しペースを落とす。今頃になって、土手から転げ落ちたときの痛みが、足首や膝のあたりにぶり返していた。拓也も伸一も、数馬にスピードを合わせた。

聞こえるのは三人の呼吸と足音、それに、蟬の声だけ。

グラウンドの南のブロック塀まで来て左に曲がると、ケヤキ並木の間隔がせまくなり、葉陰ですっかり覆われて、暑さが少しやわらぐ。

土砂降りになった蟬の大合唱に負けじと、拓也が怒鳴る。

「だっりぃんだよ！」

拓也は地面にツバを吐くと、また文句を言い始めた。

「どっちにしても、数馬も伸一も走るのが苦じゃないんだから、いいじゃん。オレはきらいだ。うちの学校は、絶対にどっかの部に入んなきゃいけないけど、テニスって柄でもねぇし、卓球もバドミントンも見た目とちがって結構きついって話だし、バレーボールは手が痛そうだし、泳げねぇから水泳部はだめだし、汗臭そうな柔道部とか、コテとかマジ臭い剣道部なんか論外だし……こんなことなら文化部ってのもアリだったな」

数馬が、バカにするように「おまえ、絵、うまかったっけ」

「まともに描いたことねぇよ」

「じゃあ、美術部はダメだろ。楽器、なんか弾けたっけ」

「たて笛も吹けねぇよ」

「じゃ、吹奏楽部も無理だな。そうなると、天文部？」

「お星さま見て、何がおもしろいんだ」

「じゃあ、手芸部か」

拓也は答えず、数馬をにらみつけた。

「どうすんだよ。ほかに文化部なんて、あったっけ」

「もう一つ、あるみたいだよ」と伸一が話に入る。

「クラスの子が言ってた。文化部には特別なクラブがあるって」

校舎から一番遠い塀沿いの道が終わり、左に曲がってから、拓也が伸一に尋ねる。

「特別なクラブって、何だ」

「その子も詳しくは知らないらしいけど、生徒が選ぶんじゃなくて、選ばれた生徒だけが入れるんだって」

数馬が「選ばれた生徒?」と伸一に尋ねると、拓也が「それって、あれじゃねぇか」とつぶやいた。

「あれって?」

「都市伝説だよ」

「都市伝説?」

「オレみたいに部活で苦しんでるやつが、自分にぴったりのスペシャルなクラブがあるはずだ、めっちゃ楽しいけどすげぇ楽チンな部活がきっとどこかにあるんだって考えてるうちに、現実の話か、そうでないか、わかんなくなって、信じるか、信じないかは、あなた次第って、そういうやつだよ。そんで、そこのクラブの顧問はナンシーなんだ」

「ナンシーって、『コミュニケーション英語』の?」

「そう。男子生徒の憧れの的、コクって玉砕した独身教師は数知れずっていう椎谷南《しいたにみなみ》先生だ。ボン、キュッ、ボーンのダイナマイトバディとミニスカートからのぞくむっちり太もも……たまんねぇ。女はやっぱ色っぽくなきゃ。ナンシーがトロットロに脂の乗ったマグロなら、クラスの女子どもはパッサパサのチリメンジャコだぜ」

「たしかに、椎谷先生は〝大人の女〟って感じだけど」

「教師になって二年目、九月九日生まれの乙女座で、まだ誕生日が来てないから、女盛りの二十三歳だ」

「ずいぶん詳しいな」

「ナンシーはオレの女神様だからな。あんないい女、ほかにいるか？」

数馬はさめた口調で「でもなぁ、最初の授業でいきなり『ナンシーって呼んで』って、そんなこと、自分から言うか」

「英語の授業なんだから『椎谷先生』より『ナンシー』の方が、雰囲気出るだろ」

「そうかな」

「英語だと苗字《みょうじ》と名前をひっくり返すから『南椎谷』で、音読みして『ナンシー』なんて、やっぱ、スタイルがいい女はセンスもいい」

「そうかぁ？」

「なんだよ。じゃあ、聞くけど、『椎谷先生』と『ナンシー』、どっちがあのひとに似合ってる？」

「どっちって言われても」

校舎のすぐ近くまで来て、グラウンドの角に沿って左に曲がりながら、拓也は数馬の腕に肩をわざとぶつけた。

「答えろよ。どっちがしっくりくるんだよ」

校舎の前の石畳に入り、東の昇降口の前にさしかかると、仲一がぼそりと言った。

「ナンシー」

拓也はうれしそうにふり返って、

「そうだろ？　仲一もそう思うだろ」

仲一は答えず、黙って前方を指差す。

数十メートル先、校舎の西の端の昇降口の前で、ナンシーが女子と立ち話をしていた。

拓也は、声を弾ませて「まじかよ。ツートップだぜ」

「ツートップ？」

「ナンシーといっしょにいるの、二年生の渡井美月《わたらいみつき》だよ」

「わたらい？」

「知らねぇのか。胸が小さいのは残念だけど、顔もスタイルも抜群で、アイドルグループのセンターでも行けんじゃねって」

数馬は渡井を見た。距離があり、背中を向けているので、顔立ちはわからない。髪をポニーテールに結び、背筋を伸ばしたきれいな立ち姿は、遠くからでも目についた。

「渡井美月だけは、チリメンジャコじゃなくて、アユだな。先生のナンバーワンと女子のナンバーワンをいっぺんにおがめるなんて、超ラッキーじゃん。今年の夏は、特別な気がする。なんか、いいこと、あんじゃね？」

拓也は、ひじで数馬の脇腹を軽くこづいた。

「わたらい先輩って、どんなひと？」

「すげぇ頭がいいのに、偉ぶるところがなくて、明るくて、爽やかで、誰とでも気さくに話すフレンドリーな性格だから、男子にも女子にも人気があるし、二年だけじゃなくて、三年や一年にもファンが多いんだ」

ナンシーと渡井までは、まだかなり距離があったが、拓也は声をひそめて、

「でも、ほんと、残念だよな。あれで、もうちょっと胸がでかけりゃ……」

突然、渡井がふり返った。

一瞬、横顔を見せたかと思うと、すぐにナンシーへ向き直り、背中を向けたまま、数馬たち三人の方を指差してから、足早に昇降口に入ってしまった。

「やべ！　聞こえたかも」

拓也は慌ててうつむいた。

ナンシーがこちらを見ている。引き返したくなったが、そんな不自然なこともできないので、数馬は、まっすぐ前を向いたままスピードを上げる。あと少しで昇降口というところまで来たとき、ナンシーが行く手をさえぎるように石畳の道に入ってきた。

数馬と拓也がぴたりと足を止めたので、伸一は拓也の背中に軽くぶつかる。

ナンシーは、くすっと笑い、数馬をみつめて言った。

「鈴木くん、がんばってね」

わけがわからないまま、数馬が頭を下げると、ナンシーは艶《つや》っぽい笑みを残して校舎に入り、奥で待っていた渡井といっしょに二階へと続く階段を上り始めた。

二人の姿が踊り場から消えると、拓也が数馬にくってかかった。

「なんでおまえだけ『がんばってね』って言ってもらえたんだ？」

数馬にも理由はわからなかったが、それよりも気になることがあった。

「なぁ、なんでだよ」

「さぁ、なんでだろ」

ナンシーの励ましの言葉にうなずいたとき、数馬は昇降口の奥の渡井を見ていた。

屋外の明るさに慣れた目ではよく見えなかったけれど、暗がりにたたずむ渡井からは、フレンドリーどころか、敵意にも似た冷たい雰囲気が感じられた。

不思議なことは、もう一つあった。

なぜか、渡井には前にもどこかで会っているような気がした。

「おい、一年生、何さぼってんだぁ！」

遠くから、陸上部の先輩の怒号が響く。

「ペナルティーだぞ。あと二周、追加だ！」

かたわらで、拓也が、がっくりとうなだれた。

「オレの大事な十六の夏、このまま走り続けて終わっちまうのかな」

よたよたと走り出した拓也を追いながら、伸一がぼそりとつぶやく。

「ボク、走るの、きらいじゃない」

数馬は、昇降口の奥の階段をちらっと見てから、ふたりに追いつこうと駆け出した。

「おれの自転車、おまえが乗ってるのか。とっくに捨てられちまったと思ってた」

宗士郎は、土手の下の砂利道に止めた自転車をしげしげと眺めている。

「まだ乗れるのに、もったいないから、しかたなくだよ」

数馬は、足もとの砂利を蹴りながら嘘《うそ》をついた。どんなにひどく壊れたときでも、自分の小遣いで直してもらった。修理代の総額は、新車の代金を軽く超えていた。

「とにかく、うれしいよ。おまえも気に入ってくれたんだな」

「言っただろ？　しかたなく、だよ。いまどき後ろに荷台のついている自転車なんて、ママチャリくらいだ」

「これがなきゃ、自転車っぽくないだろ。大きな荷物を運ぶときなんか便利だし、これがあるから、二人乗りもできるんだ」

宗士郎は、数馬の自転車にまたがると「さあ、早く乗れよ」

数馬は、突っ立ったまま「二人乗り？」

「警察、こんなところまで見回りに来ないだろ」

「そんなきちんとした服装の大人が高校生を後ろに乗せて走ったら、目立つよ」

「しょうがないだろ。学会の運営スタッフから、財団のお偉いさんも来るから正装してくれって頼まれちまったし、そのお偉いさんがくっだらない話を延々とくっちゃべって時間が押しちまったから、着替えるひまなかったんだ。土手の上の道だったら目立つけど、下の砂利道でなら誰も気にしない」

数馬が自転車に歩み寄り、後ろの荷台にまたがろうとすると、

「あ、そのへんから、適当な大きさの石、二つ、拾ってくれ」

「石？」

宗士郎は自転車のハンドルから、電池で光るＬＥＤのライトを外しながら「光の速さが変わらない理由、知りたいんだろ？　黙っておれの言う通りにしろって」

数馬は渋々、適当な大きさの石を拾って宗士郎に手渡し、自転車の荷台にまたがる。

宗士郎は、受け取った石とＬＥＤのライトをＹシャツの胸ポケットに突っ込むと、

「じゃあ、いくぞ！」

最初はふらついていたが、スピードが上がると、なんとか安定した。

陽はすっかり傾いていた。蟬の声と砂利の軋《きし》む音が、川風に乗って飛んでいく。

宗士郎は前を向いたまま、後ろの数馬に聞こえるように大声で言った。

「いま、おれたち二人の乗った自転車が秒速10メートルで走っているとする」

数馬も、砂利の音に負けない声で「そんなに速いかな」

「これは思考実験だ。おれが秒速10メートルって言ったら、秒速10メートルだ」

「しこうじっけん?」

「『思う』に『考える』で『思考』、つまり頭のなかで考えてやる実験だから『思考実験』っていうんだ。理論物理の研究者は、みんなやってる。いいか」

「わかった」

「そんで、いまからおれが石を投げるから、おまえは、手に持ってるスピードガンで、その石が飛ぶ速度を測ってくれ」

「そんなもの、持ってないよ」

「思考実験だって言っただろ? 持ってることにするんだよ。いいか」

数馬は黙っていた。砂利の音が耳につく。

「おい、聞いてるか」

「聞いてるよ」

「いいな。スピードガン、かまえてろよ」

「かまえたよ」と数馬は嘘をついた。

「じゃあ、いまから、おれがこの石を……」

宗士郎はハンドルから片手を離して、シャツの胸ポケットから石を一つ取り出す。自転車が大きく揺れたので、数馬は慌てて両足を下ろし、靴底で砂利を蹴りながら体重を移動して、なんとか自転車を安定させた。

「大丈夫？」と数馬が心配そうに尋ねると、宗士郎はわざとらしいほど元気な声で、

「平気だ。そんなことより、この石を秒速10メートルで前に向かって投げるから、その速さを測ってくれ」

「測んなくても、秒速10メートルなんだろ？」

「いいから、測ってくれよ」

宗士郎は片手で小石を前に投げ、すぐにハンドルを握る。

「どうだ。秒速何メートルだった？」

「秒速10メートルだよ」

「よし。今度は秒速10メートルで後ろに投げるから、その速さも測ってくれ」

宗士郎は片手でポケットから石を取り出すと、今度は後ろにぽいっと投げた。

「どうだ？」

「だから、秒速10メートルだろ」

「そう。正解だ。じゃあ、今度は、このライトで……」

宗士郎はＬＥＤライトを取り出して、前方に向ける。

また片手運転になったので、数馬は、できるだけ自転車が安定するよう細かく体重移動しなければならなかった。

「いまからライトをつけるから、今度は、その光の速さを測ってくれ」

「光の速さ？」

「そうだ。いくぞ！」

宗士郎はＬＥＤライトのスイッチを指で押した。太陽は西の地平線のすぐ近くまで降りていたが、まだあたりは暗くなかったので、ライトの光はまったく見えない。

「どうだ？」

「どうって……」

「光の速度、どれくらいだった」

「えぇと……」

「肉食うな、急に横槍、だ」

「そっか……秒速２億……９９７９万……２４５８メートル……余りが『り』だっけ」

「『り』は余計だが、正解だ。じゃあ、今度は後ろ向けに光らせるぞ」

宗士郎はひじを曲げ、ライトを後ろ向きにして、スイッチを押す。

「どうだ？」

「さっきと同じだよ」

「正解！」

自転車が大きく揺れ、倒れそうになる。数馬は両足を踏んばって、宗士郎の体に抱きついて支えた。宗士郎が片手でブレーキをかけたので、なんとか倒れることなく、その場に止まることができた。

砂利の音が消え、宗士郎の体から伝わる体温が残る。

「おい、もういいぞ」と声をかけられて、数馬は抱きついていた腕を離した。

「よし。じゃあ、おまえは自転車から降りてくれ」

数馬が自転車から降りると、宗士郎はライトをYシャツの胸ポケットにしまう。

「で、また、石を二つ、拾ってくれ」

「まだ、なんかやるの」

「まだ？　思考実験は半分しか終わってない。早く、石をくれ」

数馬は渋々、足もとから石を拾うと、宗士郎の手の上にのせる。

宗士郎は、ライトの重みで下がったシャツのポケットに二つの石を落として「おまえはそこで、スピードガンをかまえててくれ」と言うと、自転車を漕いだ。

「どこ行くんだよ」

宗士郎は答えず、しばらく走って止まると、自転車を反転させながら、

「いまから秒速10メートルでおまえの前を通り過ぎながら、秒速10メートルで石を前に投げる。その石の速さを測ってくれ。ほら、スピードガン、ちゃんとかまえろよ」

数馬は、誰かに見られてないか確かめてから、見えないスピードガンをかまえた。

「よし、じゃあ、行くぞ！」

宗士郎は自転車を走らせ、数馬の前まで来た瞬間、片手で石を投げると、すぐにハンドルを握り直し、ふらついた自転車を押さえ込み、少し離れた場所で止まった。

宗士郎は自転車を反転させながら「今度は、石、どれくらいの速さで飛んでった？」

数馬はしばらく考えてから「秒速10メートルで走ってる自転車から秒速10メートルで投げたから、両方のスピードを合わせて、石は秒速20メートルで飛んでったよ」

「わかってるな。科学のセンス、あるんじゃないか」

数馬はとっさにうつむく。思わずゆるんだ頬に気づかれたくなかった。

「じゃあ、次は後ろに投げるから、また測ってくれ」

宗士郎は自転車を走らせ、数馬の目の前を通り過ぎる瞬間、今度は後ろ向きに石を投げた。石は、数馬の前で、ほとんど垂直に、ぽとんと落ちた。

宗士郎はしばらく先まで行って止まると、自転車を反転させながら尋ねた。

「どうだった？」

「秒速10メートルで走りながら、後ろ向きに秒速10メートルで石を投げたから、速度は差し引きゼロ。石は前にも後ろにも飛ばないで、そこに落ちちゃったよ」

「そうだ。じゃあ、今度は……」

「まだやるの？」

「あと二回だから、がまんしろ。おれもさすがに疲れてきたけど、がんばってるんだから。今度は、ライトで光を飛ばすから、スピードガンでちゃんと測ってくれ」

宗士郎はまた自転車を走らせ、途中でライトを取り出し、数馬の前で「スイッチ・オン！」と叫んで通り過ぎた。

宗士郎は、ゆっくりと自転車を反転させながら言った。

「じゃあ……これが最後だ。今度は後ろ向きに飛ばすから、ちゃんと測ってくれよ」

「えっ、いまの光の速さ、まだ答えてないけど」

「あとで聞くから……覚えておいてくれよ……じゃあ、行くぞ！」

宗士郎は荒い息の下でそう言うと、自転車にまたがり、深呼吸してから走らせた。

ふらつきながらも全速力で数馬の前まで来ると、ひじを曲げ、後ろ向きにライトをかまえて「スイチョン！」というかけ声ともうめき声ともつかない奇声をあげた直後、自転車が大きく揺れた。宗士郎は、なんとか立て直そうとライトを放り出し、急いで右手もハンドルに戻してブレーキをかけたが、自転車は止まらず、車輪をすべらせた。宗士郎は両足で踏んばったが、革靴の底は砂利の上ですべり、必死の抵抗もむなしく、自転車もろとも派手に倒れてしまった。

駆け寄ろうとしたが、宗士郎はむくっと立ち上がり、手で制した。

「大丈夫だ」

宗士郎はジャケットとスラックスの砂ぼこりをはたいてから、そばに落ちていたライトを拾い、自転車を起こして、数馬の方へゆっくりと引きながら、

「さて、最初におれが前に向けて飛ばした光の速度は？」

数馬は、誰か知り合いに見られてないか、あたりを確かめてから、

「自転車が秒速10メートルで、そこから光を前向きに飛ばしたから、光の秒速に10メートル足して……2億9979万2458……じゃなくて68メートルだ」

数馬の近くまで来た宗士郎は、あのひとなつこい笑みを浮かべた。

「ブー！　残念。不正解」

「え？」

「じゃあ、後ろ向きに飛ばした光の速度は？」

「それは、光の速度から自転車の速度を引いて、秒速2億9979万2448メートル……でしょ？」

「ブー！　それも不正解」

「こっちも？」

「正解は、どっちも、2億9979万2458メートルぴったりだよ」

「なんで？」

「なんでって言われても、それが正解なんだから、しょうがないだろ」

「しょうがないって……」

宗士郎は、砂利道に自転車を停め、ハンドルにライトを戻した。

「自転車が秒速50メートルで走ろうが、100メートルで走ろうが、関係ない。走ってる自転車から前に飛ばした光の速さは、自転車に乗ってるおまえが測っても、道端に立ってるおまえが測っても、秒速2億9979万2458メートルなんだ。それに、後ろに飛ばした光の速さも、自転車に乗って測っても、道端に立って測っても、やっぱり光速ぴったりなんだ」

「石の速さは変わったじゃないか」

「石でも、ボールでも、ロケットでも、前向きに飛ばして、おまえが道端に立って測ったら、自転車の速度を足さなきゃいけないし、後ろ向きに飛ばしたら引かなきゃいけない……厳密に言えば、実は正しいとは言えないんだけど……」

「正しくないの？」

「いや、まあ、普段の生活で使うくらいの速さなら、ほとんど問題ないんだが、でも、ものすごく速く動くものに対しては、同じ考え方では通用しないんだ」

「通用しない？」

「一番極端なのが光だ。光は、前向きに飛ばそうが、後ろ向きに飛ばそうが、自転車に乗って測ろうが、そばに立って測ろうが、どれも、みんな秒速2億9979万2458メートルぴったりで、変わらないんだよ」

「そんなこと言われても……」

「気持ちはわかる。でも、それが事実なんだ」

「頭のなかで考えてやる思考実験だから、そう考えたらそうなんだってこと？」

「ちがうよ」

「え？」

「実際の実験で証明されたことなんだ」

「実験で？」

「一八八七年、アメリカの物理学者のアルバート・マイケルソンとエドワード・モーリーが実験して、光は、動いてるものからどんな方向に発せられても、計測したらいつも同じ速度だってことがわかったんだ。この発見は、あとから『光速不変の原理』って呼ばれるようになった。マイケルソンはこの発見の功績が評価されて、一九〇七年にノーベル賞を受賞した。もともと彼はちがうことを証明したかったのに、偶然、とんでもないことを発見しちまったわけだから、科学の世界によくある『セレンディピティ』ってやつなんだけど……」

「せれん……」

「その話はいいよ。とにかく、どんな状態で発せられた光でも、誰が測っても、光の速度は変わらないんだ」

「じゃあ、光の速さが何十年経っても変わらないっていうのも、それが理由？」

「理由の半分は、そういうことだ」

「半分？」

「数馬は『メートル原器』って、聞いたことあるか」

「メートル……げんき？」

「ものの長さを決めるために、1メートルの長さはこれですっていう国際的なモノサシみたいなものなんだけど」

「あぁ、テレビのクイズ番組かなんかで、聞いたことあるよ」

「あれって、いくら硬い金属でつくっても、所詮は金属だから、温度が高くなったら膨張するし、低くなったら縮む。季節や場所によって、長さが微妙に変わっちまうんだ」

「そうなの？」

「あぁ。だから『温度が変わっても長さの変わらないもの』を基準にできないかって考えた末、一九八三年、誰がどんな状態で測っても変わらない、光が真空中を1秒間に進む長さの

2億9979万2458分の1を1メートルって決めたんだ……わかるか」

数馬が小さくうなずくと、宗士郎は満足そうな笑みを浮かべた。

「だから、光の速度はこれから何十年経っても、秒速2億9979万2458メートルぴったりのままなんだ。どんなに科学が進歩して、速度計の精度が上がっても、光の速度そのものが長さを決める基準なんだから、変わりようがない。それが理由なんだ……どうだ、わかったか」

数馬がうなずくと、宗士郎は急に真面目な顔になり、

「ただ、そうなると、ちょっと困ったことが起こるんだ」

「困ったこと？」

「実験で『光速は変わらない』って発見した当のマイケルソンも、その困ったことが解決できなくて、ずっと悩んでたくらいだから」

「実験で証明した本人が悩んでたの？」

「マイケルソンだけじゃない。当時の科学者全員が頭を抱えてしまったんだ。さっきの例で言うと、自転車に乗ってるやつが測っても、そばで立ってるやつが測っても、光の速さ、つまり1秒間に光の進む速度が変わらなかったとしたら、すごく困ったことが起こってしまう

から……」

「ちょっと待って」

「ん？」

「いま、何時？」

宗士郎は腕時計に目をやる。

「いま、七時ちょっと前だ」

「やばい！　母さん、帰って来る」

数馬は自転車に駆け寄ると、スタンドを乱暴に蹴り上げながら、

「続きは今度、ゆっくり聞くよ」

「おい、待てよ。まだ、光の速度が不変だと困ったことが起こるって話の途中だぞ」

「大丈夫。どんなことがあったかしらないけど、俺は困ったりしないから」

数馬は自転車を引いて、土手を上り始める。

「こんな中途半端で終わるのは気持ち悪いから、必ず連絡してくれ」

土手を上りきると、数馬は砂利道を見下ろした。

すがるような目をした宗士郎が、一生懸命、数馬に向かって手を振っている。

「約束するよ、父さん！」と叫んで、自転車にまたがり、ペダルを蹴った。
父さん――とじかに呼びかけたのは、空港で見送って以来、三年ぶりだった。

「ただいま」

返事はない。

数馬は鍵を玄関の靴箱の上に置き、リビングに向かう。

電気がついていない。念のため母親の部屋ものぞいてみたが、まだ帰っていないようだった。この時間にいないということは、急な残業が入ったらしい。

数馬は冷蔵庫を開け、今夜ひとりで食べることになるラップのかかったいくつかの皿を確認すると、何も取り出さないまま冷蔵庫をしめ、自分の部屋に向かう。

電気もつけず、ベッドに倒れ込み、スマホをいじり始める。しばらくして、スマホをベッドの上に置くと、立ち上がり、クローゼットを開け、一番奥にしまってあった厚紙の靴箱を取り出す。なかには、傷だらけのけん玉や糸の切れたヨーヨー、駒が足りなくて遊べない携帯用オセロが詰まっている。他人から見ればただのガラクタ。数馬にとっては、このマンションに引っ越してくる前の大切な思い出の品だ。

数馬は箱に手を突っ込み、底に敷いてあった画用紙をめくり、その下から一枚の写真を取り出すと、また、ベッドに倒れこむ。

日没後の空の淡い光が、カーテンのすき間からもれている。薄暗い部屋のなか、数馬は寝転んだまま、写真をみつめる。

区の大会の優勝記念メダルを首にかけたユニフォーム姿の小学六年生の数馬も、両脇に立つ宗士郎と蓉子も、誇らしげな笑みを浮かべている。

「ほんとにうれしそうだな……」

こめかみのあたりに何かが触れる。紛れこんだ小さな羽虫でもかすめたのかと思い、軽くこすってから、なんとなく目の前に引き寄せる。

指先は濡《ぬ》れていた。

二日目　絶対がなくなる世界

土手の傾斜の途中に立つシュレが、心配そうに空を見上げる。

「おかしくない？」

数馬《かずま》は土手の下の砂利道で自転車にまたがったまま、大声で問い返す。

「何が？」

風が強くなってきた。西の空から黒い影が迫ってくる。

「鈴木《すずき》くん、もう一回、走って。それで、わたしの前を通り過ぎる瞬間、ライトをつけて、ちょうど1秒数えたところで、止まって」

「なんで？」

「いいから、やってみて。そしたら、何がおかしいか、言うから」

しかたなく、数馬は少し先まで自転車を引き、反転させ、ライトを右手に持ち、左手でハンドルを握る。

「いい？　わたしの前を通り過ぎるときにライトをつけて、それからちょうど1秒のところで止まってよ」

「あぁ、ちゃんとやるよ」と不満げな口調で答えて、数馬は自転車を走らせる。

昨日の宗士郎《そうしろう》の気持ちがわかった。不安定な砂利道で、何度も全速力で自転車を走らせるのは、ふだんランニングしている数馬ですら、けっこうキツい。

シュレの前を通り過ぎる瞬間、数馬は「オン！」と叫ぶ。あのとき、宗士郎が「スイチョン！」と変な声を出した理由もわかった。夜でなければ、ライトの光なんて見えないから、声でも出さないとスイッチをオンにしたことが伝えられない。

「いぃち、ハイ、止まって！」

シュレの声で、慌ててブレーキをつかみ、うわっと叫んだ。

前輪がロックして砂利の上をすべり、自転車もろとも派手に横転した。

こちらに駆け出そうとするシュレに「大丈夫！」と叫んで立ち上がると、ズボンのよごれを払い、投げ出したライトを拾い、自転車を起こして、のろのろと歩き出す。

数馬は土手の傾斜に立つシュレの前まで来ると、にらみつけるようにして尋ねた。

「で、何がおかしい？」

シュレは答えない。彼女が見上げる空は、暗い雲でおおわれている。草むらからバッタが飛び出して、数馬の足もとの砂利道に着地する。またすぐチキチキと飛び去ったあとの白い小石の上に、突然、灰色の点が一つ、すぐそばに三つ、四つと現れて、たちまち無数に増殖し、一面の砂利をざざざっと打った。

近くの木の下に逃げこんだときには、ふたりともびしょ濡《ぬ》れになっていた。

数馬は、砂を流すような雨音に負けない声で尋ねた。

「何がおかしいんだ?」

シュレは数馬に背中を向け、ジーンズのポケットからハンカチを出し、メガネの雨粒をぬぐいながら、

「自転車に乗ってる鈴木くんがライトをつけたとき、光は、走り続けている鈴木くんが測っても、秒速2億9979万2458メートルで飛んでいったんでしょ?」

数馬は小さくうなずく。

シュレはメガネをかけ、髪をハンカチで拭き始める。

「それってつまり、自転車に乗ってる鈴木くんからすれば、1秒後に、光は、自転車から2億9979万2458メートル先を飛んでるってことでしょ?」

シュレは髪を持ち上げ、首筋を拭く。雨に打たれた葉の青い匂いに、湿った髪の香りが混じる。うなじから背中へ視線を下げながら、数馬は「あぁ」と答えた。

張りついたTシャツを通して彼女の背中が透けている。

「でも、土手に立ってるわたしが測っても、光の秒速は変わらないってことは、1秒後、光は、わたしがいる場所から2億9979万2458メートル先を飛んでるはずよね」

数馬は、しばらく考えてから、

「そうなるかな」

「それって、おかしいでしょ？　わたしの目の前でライトをつけたから、１秒後、光はわたしから２億９９７９万２４５８メートル離れたところを飛んでるはず。なのに、１秒後、自転車は、さっき鈴木くんが転んだ場所まで進んでたよ」

「あっ」と思わず声をもらしてしまうと、シュレがゆっくりふり返る。

「ほらね。自転車に乗ってる鈴木くんから測っても光が２億９９７９万２４５８メートルぴったりのところまで飛んでいたとしたら、わたしが測ったら、２億９９７９万２４５８メートルに10メートル足した距離になってなくちゃおかしいよ」

たしかに、シュレの言うとおりだ。

「逆に、わたしの方が正しければ、光は鈴木くんから２億９９７９万２４４８メートル先、つまり、光の秒速より10メートル短い距離にしか飛んでないはずでしょ？」

困ってしまった。もしかしたら、昨日、宗士郎が別れ際に言っていた「すごく困ったことが起こる」というのは、このことだったのかもしれない。

メガネの奥の責めるような瞳から逃れようと、足もとに視線を落とそうとするが、途中で目が止まる。ぺったり張りついたシャツの生地がなめらかにふくらんでいる。

どうかしたの、と問われて、つい、きれいだ、と声に出して答えてしまう。

シュレが胸の前で両腕を交差し、数馬は「あっ」と声をもらした。視線を上げると、怒っているような、怖がっているような眼差《まなざ》しとぶつかる。

首から上が熱くなり、数馬は、うなだれるようにうつむいてしまった。

「どうすれば解決するか、ちゃんと考えてよね」と言うと、シュレは木の下から出て、土手を上り始める。雨足が弱まり、あたりに明るさが戻ってくる。

「ちょっと待って。なんでシュレさんの質問に答えなきゃいけないのか、教えてくれる約束だろ」

土手を上りきったシュレがふり返り、

「明日、時間、ある？」

「え……部活、午前中で終わるけど」

「じゃあ、三時に実験教室で待ってる」

「実験教室？」

「一年生も、物理とか生物とか化学とかの授業のとき、使ってるでしょ」

「いや、実験教室は知ってるけど……」

「さっきのおかしな話の謎を解いて、明日三時に実験教室に来て。わたしの質問に答えてもらってる理由、話してあげる」

シュレは、土手の向こうに消えた。

灰色の雲は足早に東の空へと流れ、西の空は、もう青く輝いていた。


数馬、拓也《たくや》、伸一《しんいち》は、にちゃにちゃと湿った足音を立てながら、グラウンドの角を左に回り込む。校舎まで続く東側の塀沿いの泥道には、飛び飛びに水たまりがあり、空の青と木々の葉の緑をまだらに映していた。

拓也が、水たまりを避け、ジグザグに走りながら、大声で言う。

「そういえば、昨日のあれ、あったよ」

後ろについて走る数馬も、蟬時雨《せみしぐれ》に負けない声で、

「あれって？」

「信じるも信じないもってやつ、もう、信じるっきゃないみたいだ」

「伸一が言ってたクラブの話？」

「そう、特別な生徒だけが選ばれるクラブ、ほんとにあった」

「まじか」

「昨日、晩飯食ってたとき、姉ちゃんに聞いた」

「おまえのお姉さん、うちの二年生だもんな。で、どんなクラブなんだ」

「顧問は〝シニガミ先生〟だってよ」

「シニガミって……物理の石神《いしがみ》先生？」

拓也は小さくうなずく。

「あの薄気味悪いじいさんの眼鏡にかなった生徒が呼び出されて、テストを受けさせられて、それに合格したやつだけがクラブに入れるんだと」

「どんなテスト」

「わかんねぇ」

「部活は、どんなことしてるんだ」

「わかんねぇ」

「なんだよ、わかんないことばっかじゃん」

「しょうがねぇだろ。ほんとにわかんねぇんだから。それに関係ねぇだろ。オレたち、絶対、選んでもらえないんだし」

「なんで『俺たち』なんだよ」

「オレは理系が苦手だし、数馬はシニガミ先生に嫌われてるからな」

「嫌われてる？」

「気づいてなかったのか。ほら、最初の授業で、シニガミ先生、猟師が鉄砲でサルを撃つ話、しただろ」

「サルを撃つの？」と伸一が興味ありげに尋ねたが、拓也は答えない。

仕方なく、半年前の石神先生の授業と昨日の朝の宗士郎の行動を思い出しながら、数馬が伸一に話し始める。

「木にぶらさがってるサルが、自分を狙っている猟師に気づいて、手を離して、地面に降りて逃げようとする。その瞬間、猟師が銃を撃つ。サルは『猟師のタマが飛んで来るまでに、自分の体は下に動いてるから、当たらない』って思うんだけど、タマも放物線を描いて落ちながら飛んでくるから、結局、サルはタマに当たっちゃうっていう話」

「おまえ、よくそんなにスラスラと……」という拓也の問いかけは、「嫌いだ！」という伸一の言葉でさえぎられた。

拓也は首だけでふり返り、

「シニガミ先生は、その話を聞いてどう思うか、生徒全員に発表させて、伸一、いまとおんなじように答えてたっけ……その話、嫌いだ、サルがかわいそうだ……って」

伸一は、長い足でひょいひょいと水たまりをまたぎながら、うなずく。

拓也は、短い足で細かいステップを踏みながら、

「みんな、珍しいサルならきっと高く売れるとか、動物虐待だとか、いや害獣の駆除は必要悪だとか、物理とほとんど関係ない、ふざけた感想ばっかで、シニガミ先生も適当に聞き流してた」

拓也は、横目で数馬を見て、

「けど、数馬が、意見を言う代わりに、逆に質問したときだけ、シニガミ先生、糸みたいな目ぇ見開いて、驚いたような困ったような顔してただろ？」

「そうだっけ」

「おまえの質問には、さすがのシニガミ先生の堪忍袋の緒も切れちまったんだ」

「なんで、わかるんだよ」

「そのあと、授業で実験するたんび、おまえに意見を言わせるようになったじゃん。あれって、ほとんどイジメだよ。よっぽど最初の授業のときの質問が先生を怒らせちまったんだよ

……でも、どんな質問だっけ」

「そんなにふざけた質問じゃなかったと思うけど」

「忘れちまったな。あんときは『ほんとにバカみたいなこと聞くんだな』って、そう思ったのは覚えてるけど」

校舎の手前で曲がると、まだらに乾いた石畳。水たまりがなくなり、まっすぐ走れるようになったが、石の上で焼かれた雨水の匂いが、足もとからむわっと立ちのぼる。

数馬は東の昇降口の前を過ぎながら、

「石神先生が顧問ってことは、科学のクラブか」

「たぶんな」

「たぶんってなんだよ」

「くわしいことは、なんもわかんないって、姉ちゃんが言うんだ」

「ほんとにあるのか？　そんなクラブ」

「あるのは確かだ。そのクラブに所属してる生徒がいるんだから」

「誰だよ」

「不知火《しらぬい》聡《さとし》」

「しらぬい？」

「部員からは、あだ名で呼ばれてるらしい」

「どんな？」

「オッサム」

「おっさん？」

「いや、オッパムだったかな」

仲一が「オポッサム！」と声を弾ませた。

「見た目はかわいいねずみだけど、カンガルーとかコアラとおなじ有袋類の仲間で、アメリカ大陸に生息する、別名『ふくろねずみ』のオポッサム！」

「いや、そんな名前じゃなかったな」

仲一はしょんぼりする。数馬は拓也に尋ねる。

「あだ名はいいとして、どんなひと？」

「見たことねぇか。三年生で、背が高くて、顔もしゅっとして、頭がめちゃめちゃいいから、うちのクラスの女子にも何人か、ファンがいるぜ」

「どんなクラブかはわかんないのに、オッサムだかオッパムだかっていう先輩がいるってことはわかったのか」

「オレの姉ちゃんも、その先輩に憧れてるらしくて、いろいろ情報集めてるうちに、やつがその秘密クラブに入ってるってわかって、もっと調べたら、顧問がシニガミ先生ってとこまではわかったんだと。でも、それ以上のことは……あっ」

「なんだよ」

「あとひとつ、おもしろい話がある」

「どんな？」

「昨日、ナンシーといっしょにいた渡井美月《わたらいみつき》も、どうやら、その秘密クラブに所属してるらしいんだ」

「渡井先輩？」

「彼女も成績が学年でトップクラスらしいから、きっと、抜群に頭のいいやつしか入れないクラブなんだろうって」

「拓也のお姉さんも渡井先輩と同学年なんだから、そのクラブの話、彼女に聞いたら、もっとくわしくわかるんじゃないのか」

「姉ちゃん、渡井美月とはクラスもちがうし、仲がいいってわけでもねぇけど、一応、聞いてみたってよ」

「それで?」

「よくわかんなかったって」

「わからない?」

「ほかにも二年生の部員が何人かいて、放課後、実験教室に集まってるって話は聞けたけど、そこで何やってるのかは、よくわかんなかったって」

「顧問が石神先生で、実験教室に集まってるんだったら、科学の実験でもしてるんだろ」

「科学の実験って?」

「ほら、フラスコでいろんな薬混ぜて、失敗してドッカーンって爆発したり、カエルをつかまえてきて、メスとかピンセットとか使って、解剖して……」

「カイボウ!」と伸一が怒りに震えながら叫ぶ。「大嫌いだ!!」

「伸一っ」と拓也が慌てて呼びかける。石畳の上を走りながら、伸一がギロリと拓也を見下ろす。はたから見ると、ヘビに睨《にら》まれたカエルのようだ。

拓也は上目づかいで「やってねぇから。解剖なんてやってねぇから!」となだめる。

伸一は、しばらく拓也をにらんだあと「やってないのか」とつぶやいて、いつものおだやかな表情に戻った。

拓也は安堵《あんど》の息をもらすと、数馬の耳に口をよせ、

「仲一の前で『解剖』の話はするな。こいつ、生き物が好きだから、あぁゆうの絶対に許せなくて、その言葉を聞いただけでも、おかしくなっちまうんだ」

数馬が小さくうなずく。拓也は小声で話を続ける。

「それに、解剖とか、実験とか、そういうことはしてねぇんだと」

「じゃあ、何してるんだよ」

校舎の西の端の昇降口の前を過ぎ、グラウンドの角のバックネットを回りこむように左に曲がりながら、拓也が言う。

「実験教室に集まって、しゃべってるんだって」

朝方の土砂降りでグラウンドが使えず、野球部員は土手道のランニングに出ていたので、金属バットの音も野手の気合の声も聞こえない。数馬は左に曲がりながら、

「しゃべってるだけ？　それ、部活じゃないだろ」

ケヤキ並木の枝葉の下の泥道には、水たまりがいくつも光っている。

三人はペースを落とし、拓也、数馬、仲一の順で走り続ける。

降りしきる蝉の声と、ねばつく足音に、拓也のグチが混じる。

「きっといまも、エアコンでキンキンに冷やした部屋で、楽しくおしゃべりしてるんだろうな……あの麗しき渡井美月もまじえて……」と言うと、さも残念そうに続ける。

「それにしても惜しいよなぁ、あとは胸さえでかけりゃ……」

数馬はひとりごとのように、

「俺は声が聞いてみたい。渡井先輩って、どんな……」

「眠いときのネコみたいな声だよ」と、しんがりの伸一が答える。

拓也は、ふしぎそうに伸一を見上げる。

「なんで知ってるんだよ」

「一昨日《おととい》、部活の帰りに声かけられたから」

「なんで、昨日、話さなかったんだ」

「聞かなかったから」

「なんで渡井美月が、おまえに話しかけたんだよ」

「数馬くんのこと、いろいろ聞かれた」

「数馬のこと?」

「うん」

「数馬のどんなこと、聞かれたんだ」

「成績はどれくらいとか、好きな科目とか、学校と部活以外は何してるの、とか」

「なんて答えたんだ」

「数馬くんの成績は普通で、好きな科目は体育と音楽で、学校と部活のほかには、毎朝、川の土手を走ってるって」

「それだけ？」

伸一はうなずく。

「なんで渡井美月は、数馬のこと、知りたがったんだ」

「わかんない。ボク、聞かなかったし、あのひと、話さなかったから」

「おまえってやつは……まぁ、しょうがねぇか。秘密クラブの話のついでに、なんで数馬のこと知りたがってるのか、姉ちゃんに頼んで探ってもらうよ」

拓也は、足もとから空へと視線を上げる。

「でもなぁ、なんか頼んだら必ず、晩飯のおかずをよこせとか、家の手伝いを代われとか、見返りを要求されちまうんだよなぁ」

「拓也は、お姉さんと仲いいな」

「よかねぇよ。小さい頃から、ケンカばっか。さすがに最近は殴り合ったりしねぇけど……でも親父《おやじ》は、いまでもオレのこと、殴るんだぜ」

「拓也は家の仕事、継ぐんだろ？」

「オレは勉強嫌いだから、たぶん大学とか行かない。継ぐしかねぇだろ」

「花屋の仕事、好きか」

拓也は一瞬の沈黙のあと、面倒そうに答える。

「小さいころは嫌いだった。ばかみたいに朝早く起きなきゃいけねぇし、冬は手があかぎれになるし。つらすぎて好きもなんもねぇけど、仕事してるときの親父は嫌いじゃないっていうか……オレたち家族を食わすために必死になって働いてるとこ見たら、こんな生き方も悪くねぇかなって。少なくとも、母ちゃんのことは大事にしてるし」

「最高の父親じゃん」

「父親としちゃあ、まぁ、ぎりぎり合格ってとこかな」

グラウンドの南側のブロック塀まで来て直角に曲がると、まっすぐ伸びる泥道に並ぶケヤキの間隔が狭くなる。ひしめく枝葉の陰に入ると、少し暑さがやわらいだ。

蟬の大合唱に負けじと、拓也が数馬に大きな声で、

「なあ、数馬」

「なんだよ」

「おまえは、父ちゃん、好きか」

「わかんない」

「はぁ？」

「そんなこと、考えたことないよ」

「じゃあ、おまえの父ちゃんは、おまえの母ちゃんのこと、大事にしてるか」

「どうなんだろ」

「なんだよ、バカにしてんのか」

「してないよ。ほんとにわかんないんだよ。父さんは俺が中学に入る前に、仕事の都合でアメリカに行っちまって、家にはいないから」

「単身赴任ってやつか。サラリーマンも大変だな。でも、父ちゃんと母ちゃん、仲が悪いってわけじゃないんだろ」

「どうかな」

「それくらい、わかるだろ」

「あっちの仕事がすごく忙しいらしくて、アメリカに行ってから一度も日本に帰ってきてないし、初めの頃はスカイプとかで、週末に三人で話したりもしたけど、俺が肩を壊して、しばらくしてから、ほとんど連絡を取り合わなくなったから」

「なんでだ？」

「母さんが怒っちまったんだ。野球ができなくなった息子がひどく落ち込んでるのに、それでも日本に戻ってこられないのなら、結局、家族より仕事の方が大事なんだって」

拓也は何か言おうとしたが、言葉が見つからなかったのか、黙って走り続ける。

「でも……」とつぶやいて、数馬は水たまりの前で足を止める。

「……ほんとは、全部、俺のせいなんだ」

伸一も数馬の後ろで立ち止まる。

拓也が水たまりの向こうでふり返り、

「おまえのせい？」

数馬は、勢いをつけて飛ぼうとした。

けれど、思い直して、水たまりにゆっくりと足を下ろす。

「中三の夏の大会で、肩の痛みを隠して連投したのは、都大会の決勝まで行けば、父さんが応援しに帰ってきてくれるんじゃないか、そしたら、久しぶりに母さんにも会わせてやれるんじゃないかって、そう思ったからなんだ」

数馬は、泥水につかったランニング・シューズをみつめる。

「でも、しくじった。俺には、野球でいいとこ見せるくらいしか、一人でがんばってる母さんを喜ばせるものがなかったのに、それもできなくなった」

水たまりから足を抜くと、立ちつくす拓也のわきをすり抜ける。

拓也は数馬に追いつくと、

「だからって、母ちゃんが父ちゃんに怒ってるのもおまえのせいって話にはならんだろ」

数馬はわずかにスピードを落とし、グラウンドを回り込むように曲がりながら、

「いや、俺のせいだ」

拓也はわずかにペースを上げて、数馬と肩を並べる。

「なんで?」

「俺が父さんに言ったんだ。帰ってこないでくれって」

校舎へと続くグラウンドの東側の泥道は、木漏れ日でまだらに光っている。

「まだ肩を壊す前に二人で話したとき、父さんは俺に言った。悪いとは思ってるけど、アメリカでの仕事は学生時代からの夢を叶《かな》えるために必要なものだから、どうしても、いま、日本に帰るわけにはいかない。もうしばらく、おまえが母さんを支えてやってくれって」

「おまえの父ちゃんの夢って、なんだ？」

「夢は叶う前に話したら実現しなくなるから、叶ったら教えるって言ってた」

数馬は少し加速する。

「でも、肩を壊したとき、ケガで大会に出られなくなったって伝えたら、父さん、『すぐ日本に戻る』って」

「よかったじゃん」と拓也が明るい声で言う。

「でも、俺、言ったんだ。帰ってこないでって」

「えっ……なんで？」

「こんなつまらない俺の失敗のせいで、父さんの夢のじゃまはしたくない。もし、それで父さんの夢まで壊れたら、俺は、絶対に自分が許せなくなる。だから、父さんの夢が叶うまでは、お願いだから、日本に戻ってこないでくれって」

数馬は、水しぶきを上げながら、水たまりを突っ切る。

拓也は、水たまりを迂回《うかい》しながら尋ねる。

「その話、おまえの母ちゃんは、知ってるのか」

「たぶん」

「たぶん？」

「俺からは話してないけど、肩壊したあとも、父さんと母さんは、何回か連絡を取り合ってたから……父さんが、どんなふうに話したか、知らないけど」

「つまり、おまえが頼んだから、おまえの父ちゃんは帰ってこれなかったんだろ？　なら、おまえの母ちゃんも、そこまで怒らなくても」

「たぶん、いくら頼まれたからって、荒れてる俺の面倒を押しつけて、自分だけ夢を追い続けるのは不公平だって、そう思ったから、許せなかったんじゃないかな」

「おまえ、荒れてたのか」

「荒れたっていうか、くさってた。野球やめてから、なんにもする気がしなくて、学校も、しょっちゅう休んだ。そしたら、急に引っ越すことになった。野球やってた俺を知ってる人間がいない街で、やりなおさせてくれたんだと思う」

数馬はシューズで大きな水たまりに波紋をつくりながら進む。拓也はしばらく迷ったあと、ばしゃばしゃと水しぶきを上げながら数馬のあとについていく。伸一は、にちゃにちゃと水たまりを迂回する。

「俺たちって、なぁんにも変えられないよな」

「変えられない？」と拓也が尋ねる。

「必死になって練習して都大会の決勝戦まで行けたら、きっと父さんも観に来てくれるって。もしかしたら、それがきっかけで、また三人で暮らせるようになるかもって思ったけど、肩壊しただけで、なんにも変わらなかった……っていうか、前より悪くなった。結局、子どものうちは、どんなにあがいても、世界を変えることなんてできないんだ」

「大人もだろ？　花屋のくそ親父が何かしたからって、世界が変わったりしねぇよ」

「だったら、もっと最悪だ。もう世界は決まってて、なんにも変えられないのに、なんで勉強したり、バカみたいに走りこんだりしてるんだ」

「それは……」

「何やっても世界が変わんないなら、何やっても意味がないってことだろ？　好きな野球もできなくなって、いまじゃ、ただ走ってるときに頭のなかをからっぽにすることくらいしか、やりたいことがないなんて、そんなの……」

「ま、いいじゃん」と言って、拓也は空を見上げた。

「野球がうまいからって、好きな女を守れるわけでもねぇし」

「なんだよ、それ。女を守るのが大事だったら、おまえは、なんで柔道部とか剣道部に入らなかったんだ？」

「汗臭いのとコテ臭いのはヤなんだよ」

「砲丸で、女の子、守れるか」

拓也は校舎の手前を左に曲がりながら、わざと数馬の腕に自分の肩をぶつけながら、

「悪いやつが来たら、砲丸くらい重い石でも、軽々と投げつけられるだろ」

木陰が消え、太陽が石畳に容赦《ようしゃ》なく照りつける。立ちのぼる生ぬるい水の匂いが、苛立《いらだ》ちに拍車をかける。

「そんなに都合よく、砲丸みたいな石、そのへんに転がってるか？」と数馬が意地悪な口調で尋ねる。

「転がってるよ」と拓也は不機嫌そうに答える。

「どこだ？」

「どこにだってあらぁな」

「じゃあ、指差してみろよ。どこにそんな石ころがあるんだよ」

「あそこ」と言って、伸一が前方を指差す。

校舎の西の端の昇降口の前に石神先生と男子生徒が立っていた。

「おいおい、なんだよ、二日連続で、うわさをすればなんとかってやつかよ。でも、今回は、うれしくもなんともねぇけどな」

「ってことは、石神先生といっしょのひとが……」

「不知火聡だよ」という拓也の言葉が聞こえたのか、不知火がこちらを見た。

やべ、と拓也はつぶやいて、ペースを落として数馬の後ろに隠れる。

石神もこちらを見た。いつもの無表情だ。不知火は、鋭い目でにらんでいる。

石神と不知火まで十数メートルのところまで来たとき、突然、拓也はしゃがみこみ、ほどけていない靴のひもを結び直し始める。気づいた伸一も立ち止まり、拓也を待つ。

石神と不知火の視線は、走り続ける数馬を追っている。

数馬は不知火の前まで来るとペースを落とし、にらみ返した。不知火がさらに視線を尖《とが》らせたので立ち止まると、石神が不知火に声をかけ、昇降口へと歩き始める。不知火は悔しそうに数馬をにらみつけてから、石神のあとを追い、昇降口の奥へと消えた。

「おまえ、不知火先輩に何かしたのか」

いつのまにかそばに来ていた拓也が尋ねた。

「いや、べつに」

「シニガミ先生が冷たいのは、最初の実験のときの質問のせいだろうけど、不知火先輩がおまえにガンたれてたのは、なんでだ」

「知らないよ、あっちに聞いてくれ」

数馬は吐き捨てるように言うと、残りわずかな石畳の上を歩き出す。

拓也と伸一も、数馬と肩を並べて歩き始める。

「あぁ、青春真っただ中のサマーバケーションだっちゅうに、なんでオレたち、泥んこ道をただひたすら走らされてんだ?」という拓也のぼやきに、数馬が答える。

「しょうがないだろ。陸上部なんだから」

「ちょっと頭がいいだけで、クーラーの効いた教室でくっちゃべってるやつらもいるってのに……こんな暑い日は、カノジョとプールかなんかに行って、ちべたい水にザブンって飛びこみたい……そんなちっぽけな夢、誰か叶えてくんねぇかな」

「カノジョなんて、いないだろ」

「いたら、だよ。ナンシーみたいな女、どっかにいねぇかな」

「いたからって、おまえの彼女になってくれるわけじゃないだろ」

「そうだ！」と叫んで、拓也は立ち止まる。

「花火しないか」

数馬も足を止めて尋ねる。

「俺たち三人で？」

「そりゃあ、線香花火とか、ドラゴンとか、打ち上げ花火とか、パラシュートとか、色っぽい浴衣姿の彼女とやれるもんならやりたいけど……この際、男同士でも我慢する。明日は家族で晩飯食いに行くから、明後日《あさって》の夜、川に行って、花火、やろうぜ！」

「ボク、花火、好き」と伸一がつぶやく。

「だろ？　そうと決まったら、あとグラウンド半周なんて、どうってことねぇよな。さっさと終わらせて、花火買いに行こうぜ！」

拓也が笑顔で走り出そうとしたとき、遠くから陸上部の先輩の怒鳴り声が聞こえた。

「おらぁ！　いちねぇん、何さぼってんだぁ？　ペナルティで、あと三周追加だぁ！」

がっくりと肩を落とした拓也は、あまりのショックでふらついて、足がもつれ、大きな水たまりに倒れこんだ。

派手な水しぶきをあげる拓也を見て、数馬は〈夢が叶ったじゃん〉と思った。

日は傾き、西の空に淡いオレンジのモヤがかかっている。

背もたれのない木製のベンチに座る宗士郎が、河川敷の砂利道を見下ろす。

「おれが自転車で秒速10メートルで走って、おまえの前を通り過ぎた瞬間、光をつけて、おれが測っても、おまえが測っても、光の秒速が同じだとしたら、1秒後、光は、おれからも、おまえからも、2億9979万2458メートルぴったりのところを飛んでる……ってことだよな」

となりに座る数馬は、宗士郎をにらみつけまま、

「でも1秒後、俺と父さんは10メートル離れてる。そんなの、ありえないでしょ？」

「そのことに気がついて、困っちまったわけだ」

数馬は答えない。宗士郎は、いじわるな笑みを浮かべて、

「だから言ったろ？　中途半端なところで話をやめたら、困ったことになるって」

「困ったっていうより、話がまちがってたってことだろ」

「いいや、まちがえてないよ」

「じゃあ、１秒後の光との距離が俺も父さんも２億９９７９万２４５８メートルぴったりなのに、ふたりが10メートル離れてるっていうのは、どう考えればいいんだよ」

「おまえなら、どう考える？」

「どう考えるって……やっぱり、光も石やロケットといっしょで、父さんがつけた光の速さには、自転車の秒速10メートルも足して……」

「言っただろ？　誰がどんな状況で測っても、光は秒速２億９９７９万２４５８メートルぴったりだって。マイケルソンはそれを実験で証明して、ノーベル賞をもらったし、実験から一三〇年経《た》ったいまでも、その事実は認められてるって」

「じゃあ、どう考えればいいんだよ。俺と父さんが測った光の速さが変わらないっていうなら、いくら考えたって……」

「**光の速さが変わらないなら、ほかのものが変わった**って考えればいいじゃないか」

「ほかのもの？」

「あぁ」

「ほかの何が変わったんだよ」

「時間だよ」

「時間？」

「自転車で走ってる俺の時間と、立ってるおまえの時間が、変わっちまったって考えればいいんだ」

「何それ」

「おまえは、どこにいても、時間がおんなじ速さで流れてるって、そう思ってないか」

「思ってるよ」

「道端に立ってても、自転車に乗ってても、月でも、太陽でも、銀河系の外でも、どこでも1秒は1秒で、絶対おんなじ長さだって、そう思ってないか」

「そう思ってるよ」

「それ、まちがいだ」

「まちがい？」

「**時間は、絶対的なものじゃなくて、相対的なものなんだ**」

「ソウタイテキ？」

「あぁ、相対的だ。聞いたことないか」

数馬は首をふる。

「相手に対するって書く〝相対〟だ。平たく言えば、時間の流れの速さは、相手によって変わるってことだ」

「そんなこと、急に言われても……」

「じゃあ、思考実験で説明してやるよ」

「頭んなかでする実験？」

「そう。いま、数馬は宇宙で等速直線運動をしていて……」

「トーソク……チョクセン？」

「それも知らないか。たとえば宇宙服を着たおまえが、宇宙船の外で野球のボールを投げたら、どうなる？」

「宇宙空間を飛んでいくだろ」

「どんなふうに」と宗士郎が尋ねる。

「どんなふう？」と数馬は聞き返す。

「たとえば、どんどん速くなったりとか」

「ロケットみたいに噴射しているわけじゃないから、速くなったりしないよ」

「じゃあ、だんだんゆっくりになって、最後は止まったりとか」

「宇宙なんだろ？　空気抵抗もないし、重力もないから、何かにぶつかったりしないかぎり、最初に投げたときとおんなじスピードで、どこまでも、まっすぐ飛んでくよ」

「そうだ。等しい速度で、直線上を動いていく。それが等速直線運動だ」と言って、宗士郎は数馬を見つめる。数馬は、しばらく考えてから、うなずく。

「じゃあ、ちゃんと想像してくれよ。おまえの乗ったロケットが、噴射とかしないで宇宙にいたら、窓の左端から、俺の乗ったロケットが現れる。俺のロケットも噴射とかしないで、一定の速度で、おまえから見て右へ動いて、窓の右端まで来て、おまえの視界から消える。さて、どっちのロケットが動いてた？」

「はぁ？」

「はぁ、じゃなくて、おまえのロケットか、おれのロケットか、どっちが動いた？」

「父さんのロケットだろ」

「理由は？」

「そう言ったよ。窓の外を左から右へ、父さんのロケットが動いたって……」

「そう見えたからって、わかんないぞ。もしおれのロケットが止まってて、おまえのロケットが右から左に動いてたとしたら、窓の外のおれのロケットは、どう見える？」

数馬は、想像しながら「さっきと同じで、父さんのロケットは、窓の左から右へ動いているように見えるよ」

「だろ？　おれがロケットの窓から見てても同じだ。おれのロケットが止まってて、おまえのロケットが動いてても、おれのロケットが逆方向に動いて、おまえのロケットが止まってても、結局、窓の外に見えるおまえのロケットの動きは同じ。『絶対、あっちが動いてる』とか『絶対、こっちが動いてる』とは言えないわけだ。わかるか？」

数馬は、しばらく頭のなかで二つのロケットを動かしてから、うなずく。

「だから、言えるとすれば『相手に対して、自分はこう動いた』とか『自分に対して、相手はこう動いた』とか、それだけ。つまり『相対的』にしか言えないわけだ」

たしかに、宗士郎の話だと、どっちが止まっていて、どっちが動いているのか、決めきれず、お互いが相手に対してどう動いたかという判断しかできなかった。

けれど、いまいち納得できないので、数馬は宗士郎に言う。

「宇宙じゃなくて地球の上なら、どっちが動いてるか、はっきりするよ」

「するか？」

「俺が道端に立って、クルマが左から右に走って行くのを眺めているときは、絶対、俺は止まっていて、クルマは動いてるだろ」

「おまえは、本当に止まってるか」

「止まってるよ」

「でも、太陽から見たら、地球の上に立ってるおまえも、地球の自転のスピードで回転しながら、さらに公転のスピードで移動していることにならないか」

数馬は黙っている。

「宇宙はものすごい速さで膨張しているから、太陽も宇宙の中心からどんどん離れてる。つまり、太陽だって『自分は絶対に止まってる』とは言えない。どうだ？　やっぱり相対的にしか言えないだろ」

数馬は、渋々、うなずいた。

「じゃあ、相対性を理解してもらったところで、いよいよ光のモノサシを使って、時間は、絶対的なものではなく、相対的なものだってことを思考実験で証明するぞ」

「今日は自転車、乗ってきてないよ」

「自転車は必要ない。時間の流れる速さが変わるってことは、道具がなくても簡単に説明できるから」と言うと、宗士郎は立ち上がり、ベンチをまたいで馬乗りになり、数馬に体を向けた。

「おまえも、おれの方を向いて、こんな感じで座ってくれ」

「いやだよ」

「なんで」

「恥ずかしいよ」

「誰も見てないだろ。いいから、早く」

数馬は迷惑そうな顔でベンチをまたぐ。こんなふうに宗士郎と向かい合って座るのは、小学生の頃、公園でシーソーに乗って以来だ。

宗士郎は、ひとなつこい笑みを浮かべると、数馬の目の前に右手を突き出した。

人差し指、中指、薬指、小指をそろえた四本の指と、親指で、見えない野球のボールをつかんでいるような形をつくっている。

数馬から見ると、宗士郎の右手は、ローマ字の「C」をかたどっているように見えた。

「これは『光時計』だ」

「光時計？」

「そう、ここから……」と言いながら、宗士郎は、左手の人差し指の先を右手の「C」の下の部分の切れ目にあたる右手の親指の腹の上に乗せる。

「下から光が出て、まっすぐ上に飛んで……」

宗士郎は、右手の「C」の下の切れ目の親指の腹から左手の人差し指を離すと、真上の方向にゆっくりと動かし始める。

「それで、上まで来たら……」

左手の人差し指の爪が、右手の「C」の上の切れ目の人差し指の腹にくっつく。

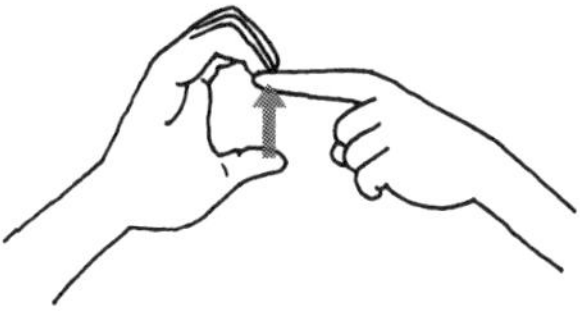

「下から上まで光が飛んだ。これで『1秒』だ。そういう光時計があったとする」

「光は1秒に2億9979万2458メートル飛ぶから、かなり大きな時計だね」

「実際にはそうだけど、これはあくまでも思考実験だから、『1秒』じゃなくて、光がこの距離を飛ぶのにかかる時間を『1』、単位は……『ビョン』とでもしておこうか」

「ビョン?」

「仮に、だよ」

数馬がうなずくと、宗士郎は、左手の人差し指を上下に動かしながら話を続ける。

「つまり、光がおれの右手の親指から人差し指まで動くのにかかる時間が1ビョンで、人差し指のところで跳ね返って、下の親指まで下りてきたら2ビョン。もう一回、上まで行ったら3ビョン、また下まで行ったら4ビョン……もういいか」

頼んだわけではなかったが、数馬はうなずく。

「じゃあ、おまえも、自分の光時計で『1ビョン』を測ってみてくれ」

「俺の光時計？」

宗士郎は「C」の形にした手をぐいっと数馬の方に近づける。

「おれが鏡に映ったおまえの姿だと思って、おまえは左手で、おれの右手と同じ形をつくってくれ」

数馬は言われるままに、左手を目の高さまで持ってきて、人差し指、中指、薬指、小指をくっつけた四本の指と、親指で、野球のボールをつまむ形をつくる。

数馬が左手でつくった光時計も、数馬から見て「C」の形になった。

「そしたら、まずはおまえの光時計を見てみよう。右手の人差し指を左手の親指の腹の上に乗せて、左手の光時計は動かさないまま、光を……つまり右手の人差し指の先を、ゆっくり真上に上げてみてくれ」

宗士郎の言う通り、右手の人差し指の先をゆっくり真上に動かす。その動きに合わせて、宗士郎は「イ〜チ〜」と声を出し、数馬の右手の人差し指の爪が左手の人差し指の腹に着いた瞬間、「ビョン！」と言う。

「それで『1ビョン』だ。その光の軌跡の長さ、覚えといてくれよ」

覚えておくも何も『1ビョン』の光の軌跡の長さは、単に左手の「C」の字の開いた部分をつなぐ直線だが、宗士郎があまりに真剣なので、数馬も真面目な顔でうなずく。

「じゃあ、おまえも、おれも、この光時計を持って、さっきの等速直線運動している二つのロケットに戻るぞ。いいか」

数馬は、宇宙に浮かぶ二つのロケットを頭のなかに思い描く。

「おれはロケットに乗って、この光時計で『1ビョン』数えながら、おまえから見て左から右へ動くから、おまえは自分のロケットの窓から、俺の光時計の光の動き、つまり、俺の左手の人差し指がどんなふうに動いたか、しっかりと見届けてくれ」

「なんで、父さんの光時計の光の動き方なんて、見なきゃいけないの？」

「理由はあとで話すから、とにかく、おれの光時計の光がどんなふうに動いたか、ちゃんと見ててくれよ」

　宗士郎は、手でつくった光時計を自分の顔の前にかまえると、数馬から見て左の方へ上半身を傾けた。

「じゃあ、いくぞ！」

　宗士郎は、目の前に光時計をかまえて「イ〜チ〜」と数えながら、腰から上のしなやかな動きで、数馬に向けた顔を左から右へ器用に水平に移動して、上半身を限界まで右に傾けて止まった瞬間、左手の人差し指を右手の人差し指にくっつけて「ビョン！」と声を張った。

「どうだ、ちゃんと見たか」

　数馬が宗士郎の動きのなめらかさに感心しながらうなずくと、宗士郎は体をまっすぐに戻して、期待に目を輝かせ、

「で、光はどんな動きだった？」

「どんな動きって……」

「なんだよ、おれの光時計の光がどんなふうに動いたか、しっかり見といてくれって言ったじゃないか」

「ごめん」

「いいよ、もう一回やるから、今度はちゃんと見て、覚えてくれよ」

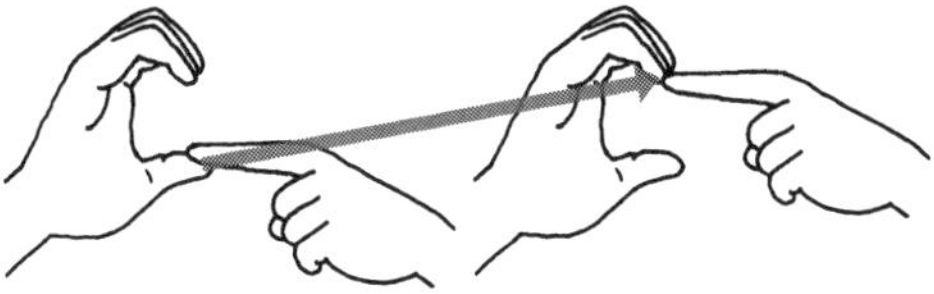

宗士郎はまた光時計を顔の前にかまえて、上半身を数馬から見て左に傾けると、

「いいか、光の動き方だぞ」

数馬がうなずくと、宗士郎は「イ～チ～」と言いながら、また器用に上半身をくねらせて、自分の顔の前にかまえた光時計を数馬から見て左から右へスライドさせる。

数馬は、宗士郎の光時計の光、つまり、宗士郎の左手の人差し指の先を見つめて、その動きに集中する。宗士郎の左手の人差し指の先は、光時計の「C」のあいた部分の下から上へと上がっていくが、光時計自体が左から右へと水平に動いているので、数馬から見ると、光時計の光は、左下から右上へ、斜めに動いているように見えた。

宗士郎は「ビョン！」と言って動きを止めると、体を傾けて止めたまま、

「どうだ？　おれの左手の人差し指の先、つまりロケットに乗ったおれの光時計の光の軌跡は、数馬から見たら、どんなふうだった？」

「左下から右上に、斜めに動いたよ」

宗士郎はにやりと笑うと、光時計の両手をほどき、上体をまっすぐに戻す。

「じゃあ、おまえの指で、その光の軌跡を空中に書いてみてくれ」

数馬は、右手の人差し指で、左下から右上へ、斜めの線を描いて見せた。

「正解。数馬から見たら、そんなふうに斜めに動いて見えたはずだ。でも、おれには、親指から人差し指までまっすぐ上に動いただけに見えた。つまり、おれのロケットのなかでは、ぴったり『1ビョン』しか、時間が経ってなかった」

数馬は、こくんとうなずいた。

「だけど、数馬から見たら、おれの光時計の光は斜めに動いたように見えた……もう一回、その軌跡を描いてみてくれ」

数馬は渋々、右手の人差し指で、空中に、左下から右上の斜めの線を描いて見せた。

「その光の軌跡を、おまえの光時計の『1ビョン』の長さと比べてみてくれ」

「俺の1ビョン？」

「さっき、おまえも手で光時計つくったろ？　あの光時計の『1ビョン』ぶんの長さ、つまり親指と人差し指の間の距離をモノサシにして、さっき見た、おれの光時計の軌跡の長さを測ってみてほしいんだ。ほら、早く！」

宗士郎が必死にせかすので、数馬は光の記憶をたどりながら、空中に引いた斜めの線の残像に、左手の光時計を斜めにして、「C」の字の空いている部分を当てていく。

「四つ……いや、五つぶん……かな」

宗士郎は、満足そうに大きくうなずいた。

「斜めに動いてるから、まっすぐ縦に動くよりも長くなる。四つぶんなら4倍の長さだ。ここで一つ、確認しておこう。1秒は、どうやって決めてるんだっけ？」

「えぇと、光が2億9979万2458メートル進むのにかかる時間……だったよね」

「正解。つまり光がどれだけ進んだかで、時間がどれだけ流れたかわかるってことだ。もう一つ、光は、誰が、どんな状態で測っても、そのスピードは？」

「変わらない」

「その通り。そしたら、さっきの思考実験の続きだ。数馬が見た斜めの軌跡を光が動くのにかかった時間は、何ビョンだ？」

「俺の光時計の四つぶんだから……4ビョン」

「ということは、おまえが光時計で計ったら、おれのロケットが左から右に動くのにかかった時間は？」

「4ビョン」

「大正解！　だけど、おれの光時計で計ったら、ロケットが動くのにかかった時間は？」

「1ビョン……あっ」

宗士郎は小さくうなずく。

「そういうこと。おまえの光時計で4ビョン経ったのに、おれの光時計では1ビョンしか経ってない。光のモノサシを使えば、おまえから見て動いてるおれの時間が、おまえの時間と比べると、流れ方が遅くなってるって、わかるんだ」

たしかに、光の進んだ距離を基準として考えれば、宗士郎からみれば1ビョンしか経っていないのに、自分からみたら4ビョンの時間が経っていた。

つまり、動いている相手の方が、時間の流れは遅くなった。

「この思考実験で、それまでずっと信じられていた『時間はどんな状態でも同じスピードで流れる〝絶対的〟なもの』っていう考え方はまちがいで、実は時間も〝相対的〟なもので、お互いの状態によって流れる速さが変わるってことが、わかったんだよ」

数馬は思わず「そっか」とつぶやく。

宗士郎は、あのひとなつっこい笑みを浮かべて、

「**自分から相対的にみて、動いている相手の時間は、自分の時間よりも流れる速度が遅くなるんだ**」

宗士郎は数馬をまっすぐに見つめて、言葉を続ける。

「だから、土手に立ってるおまえが『1秒経った』って思った瞬間でも、自転車で走ってるおれには、まだ『1秒』経ってないってことなんだ。おまえにとって1秒経った瞬間におまえが測ったら、光はおまえから2億9979万2458メートルぴったりのところを飛んでるけど、その瞬間、まだ1秒経ってないおれが測ったら、光は2億9979万2458メートルより10メートル短い距離のところを飛んでることになる。つまり、困ったことにはならないってわけだ」

「もし、自転車に乗ってる父さんが1秒経ったって思ったときには、時間の流れが速い俺からすれば、1秒以上経ってるから、2億9979万2458メートルよりさらに10メートル先に光が飛んでても、おかしくないってことか」

「そういうこと」

「すごいな」

「だろ？　人類は何千年も『時間の流れる速さは絶対に同じだ』って思ってたけど、実はそうじゃなかったって、およそ一一〇年前に思考実験で証明された。そのときから、世界はまったく変わっちまったわけだ」

　宗士郎はランナーたちを目で追いながら、楽しそうに、

「ほら、あそこを走ってる女の子。あの子はほんの少しだけ、ここで座ってるおれたちよりも時間の流れが遅くなってる……いま、ものすごいスピードで走り過ぎた自転車の兄ちゃんは、さっきの子より、もう少し時間の流れが遅くなってるってわけだ」

　水鳥が川面を羽ばたきながら走り始める。スピードを上げ舞い上がった鳥は、ランナーよりも、自転車乗りよりも、時間の流れが遅くなっているはずだ。とすれば、はるか彼方の空の飛行機の乗客たちは、さらに遅い時間の流れのなかで、雑誌を読んだり、窓からこちらを見下ろしたりしていることになる。

　いろんな生き物たちが、それぞれちがった時間の流れのなかで生きている。そんなふうに感じながら周囲の景色を眺めたことは、一度もなかった。

「時間は絶対に変わらないって思いこんでた世界が、時間も相対的に変わってしまう世界として再発見される……科学って……人間って、すごいと思わないか」

数馬をみつめていた宗士郎の視線が、わずかにずれる。その視線を追うようにして、数馬も後ろをふり返る。

西の空で、夕陽《ゆうひ》が地平線に溶けていた。

しばらく見とれていた数馬が、あっと声をあげる。

「いま、何時？」

「えぇと、もうすぐ六時だ」

「やばい。母さんが家に帰ってくる」

数馬は立ち上がり、茜《あかね》色の空に向かって駆け出す。

「おい、今度はいつ会えるんだ？」と、宗士郎はすがるような口調で尋ねた。

「さっきの相対性の話、まだ半分残ってるから、できれば近々……」

数馬は走りながら首だけでふり返る。

「また電話するよ」

宗士郎が激しく手を振り始めたが、気づかないふりをして、スピードを上げた。

三日目　ラプラスの悪魔とプロクルステスの寝台

東の昇降口の奥の階段を二階に上ると、実験教室の横に出る。

数馬《かずま》は教室の前の廊下の窓を開ける。グラウンドにも手前の石畳にも人影はない。窓の真下、昇降口の脇の花壇にはアサガオ、ヒマワリ、サルビアが咲いている。

ぼんやり眺めたあと、ふり返る。

窓の内側のカーテンが閉じられていて、教室のなかのようすはわからない。

数馬は小さく深呼吸してから、引き戸に手をかける。ぴくりとも動かない。

しかたなく、遠慮がちにノックすると、なかから艶っぽい声が尋ねた。

「だぁれ?」

「あの……シュレさんに、ここに来るようにって」

ガチャガチャと乱暴に鍵を開ける音。

「どうぞ」と促され、数馬は引き戸をすべらせる。

ホルマリンと消毒液の混ざった匂いは変わらないけれど、授業のときとは、どこか雰囲気がちがう。向こう側の窓もすべて、ぶ厚い遮光カーテンが引かれている。午後三時前だというのに、蛍光灯に照らされた室内には、夜の気配が漂っている。

　右手の壁は巨大な黒板でおおわれ、教壇はない。反対側の教室の後ろの壁には金属製の棚が並び、薬品やフラスコ、試験管や白い乳鉢やすり棒が置かれている。

　それらの棚を見張るように、廊下側には等身大の骨格見本が吊《つ》るされ、向こうの窓側には肺や肝臓や小腸がむき出しの人体模型が立っている。

　授業で見たときとちがい、二体とも白衣を着せられ、顔にはお面が被せられていた。

　骨格標本のお面には、ウェーブのかかった長髪、大きな目、高い鼻、薄い唇、割れた顎の神経質そうな外国の男の肖像画が印刷されていたが、知らない人物だった。

　人体模型のお面は外国の少年のモノクロ写真で、甘いマスクといかにも賢そうな目つきが印象的だ。人気のモデルか俳優なのだろうけれど、誰かはわからなかった。

　顔があり、白衣も羽織る骨格標本と人体模型は、半分生きてて半分死んでるようで、薄気味悪かった。

　黒板と棚の間には、蛇口と流し台とガス栓のついた実験用テーブルが並ぶ。真ん中のテーブルで、二人の女子が向かい合って座っている。

数馬は引き戸をしめ、テーブルの間を縫うようにして歩み寄る。

カードゲームで遊んでいた。ひとりが、ふせられたカードを見比べながら、さっきの声で
「あんたが鈴木《すずき》数馬？」と尋ねた。

「あぁ」とぶっきら棒に答えると、彼女は上目づかいに数馬をにらみつけた。

「『あぁ』じゃない、『はい』だよ。一年生だろ？　あたしは二年生、先輩だよ」

数馬が「あぁ」と言いかけて、慌てて「はい」と小声で答えると、彼女は満足そうにうなずき、視線で正面に座る女子を指した。

「この子は近衛《このえ》櫻子《さくらこ》。ニックネームは『セレン』だよ。二年生だから『セレンさん』って呼びな」

「セレンです。以後、お見知りおきを」という古風な話し方には似合わないゴージャスな巻き毛と整った顔立ち、長いまつ毛と大きな瞳はフランス人形そのものだ。

「で、あたしは山田《やまだ》結子《ゆうこ》、『ディップさん』でいいよ」

白衣のえりもとから豊満な胸がこぼれ、お腹のあたりは両側に引っ張られて、いまにもボタンが弾《はじ》けそうだ。

「何、じろじろ見てんだよ」

「いや……あの……変わった白衣だなって思って」

「あぁ、気づいた？　ディップはまんざらでもなさそうに「体型に合わせて、ウエストをセレンに詰めてもらったんだ。どう？　ぴったりだろ」

ぴったりではなく、むっちりしていた。スーパーのお中元コーナーで見たボンレスハムみたいだと思った。数馬には滑稽《こっけい》にしか見えなかったが、拓也《たくや》がいたら鼻血を出して喜んでいたかもしれない。

「セレンの白衣もこの子が自分で縫ったんだよ」

淡いピンクで、えりやすそにはレースが縫いつけられ、白衣というより春先のお洒落《しゃれ》なワンピースに見えた。

数馬はテーブルのカードを見た。トランプではなかった。表は白紙で、裏には見知らぬ外国人の顔写真が印刷されている。

「手づくりカードで〝イケメン科学者神経衰弱〟やってんだよ。たとえば……」

ディップは短い指で、手前に置かれたカードの一枚をつまみあげた。

「ライナス・カール・ポーリング。一九五四年にノーベル化学賞を受賞して、一九六二年にはノーベル平和賞も受賞した天才科学者」

　ディップはカードを戻すと、別のカードをつまみあげる。

「リチャード・フィリップス・ファインマン。音楽とユーモアを愛した天才科学者。彼が書いた『ご冗談でしょう、ファインマンさん』は世界中でベストセラーになったけど……知らない？」

「外国の人はちょっと」

　ディップは「日本人もいるよ」と手を伸ばし、セレンの前のカードを一枚とって、数馬に見せながら、

「一九六五年にファインマンといっしょにノーベル物理学賞を受賞した朝永《ともなが》振一郎《しんいちろう》。セレンのお気に入りなんだよね」

「お気に入りなんて、はしたない言い方、しないでいただきたいわ」とセレンが不服そうに言った。

「わたくしは、ただ、体温の低そうな殿方に興味があるだけで、お気に入りだなんて……」

「大事なペットを『振一郎』って名づけて、シンちゃん、シンちゃんって、かわいがってたくせに……」

突然、ディップが言葉を切る。

セレンは顔をふせていた。うつむいた顔から、ぽたぽたと涙が落ちた。

「ごめん」と言って、ディップがハンカチを差し出したが、セレンは受け取らず、自分の白衣からヒラヒラのレースのついたハンカチを出して、涙を拭き始める。

ぽかんと眺めていた数馬に、ディップが小声で「小さい頃から十年もかわいがってきたシンちゃんが、このまえ、病気で死んじゃって、深刻なペットロスなんだ」

セレンは、ちーんとハンカチで鼻をかみ、ポケットに戻すと、

「続けましょう」

ディップはほっと息をつき、ふせられたカードの物色を始めた。

「あのぉ……」

ディップは顔も向けずに「なんだい」

「普通に『山田さん』って呼んでもいい？」

ディップは数馬をにらんだ。

「それ、先輩に対する口の利き方か。『いい』じゃなくて『いいですか』だろ？」

その表情があまりに恐くて、数馬は思わず目をふせる。

「あぁ……あ、はい。いいですか」

「よくねぇよ」

「どうして『ディップさん』って呼ばなきゃいけないんですか」

「なんでかわかんないけど、それがうちの部の伝統だから」

「伝統?」

「入部してしばらくしたら、先輩がニックネームをつける。あたしたちのはオッカム先輩がつけたんだよ」

「おっかむ?」

「そう。先輩のニックネームは『オッカムの剃刀《かみそり》』にちなんでつけられたんだって」

「オッカムの……カミソリ?」

「科学の世界で使われてる言葉だよ」

「じゃあ、ディップも?」

「あたしたちのニックネームは、二人一組でつけられたの。あのこが『セレン』であたしが『ディップ』。二人合わせて『セレンディップ』だけど、知ってる?」

どこかで聞いたことがある気がしたけれど、思い出せず、首をふる。

「これも科学の世界で使われる言葉なんだけど」と言いながら、ディップは白衣の人体模型の方に鋭い視線を向けて、

「二人で一つ、なんて、失礼な話だよね」

「あたくしは気に入ってますわ」とセレンが言う。強くかみすぎて、鼻が赤くなっている。

「セレンディピティって、とてもすてきな言葉ですもの。人間が自分で自分を救おうとしたって、たいしたことはできなくてよ」

「あたしは、運とか運命とか、そういうんじゃなくて、男に守ってもらいたい。男なら、自分の運命は自分の手で切り開いて、愛する女をがっちり守ってくれるような、強い体と熱いハートを持ってなきゃ」

「そんなの、暑苦しいだけですわ。殿方はやっぱり、ひんやりとクールな方が……」

あのぉ、と数馬が割って入ると、ディップは迷惑そうに、

「なんだい？」

「じゃあ、『シュレ』っていうニックネームも、オッカム先輩が？」

「そうだよ」

「どうして『シュレ』なんですか」

ディップは、目の前のカードを一枚つまんで、数馬に見せた。

「誰ですか」

「エルヴィン・シュレディンガー。長いから、略して『シュレ』って呼んでる」

「シュレさん、このひとに全然似てません」

「本人じゃなくて、『シュレディンガーの猫』みたいだからだよ」

「猫？」

「そうだよ」

「どんな猫なんですか」

「どんな？」

「毛の長いやつとか、短いやつとか、美形タイプとか、ぶさかわとか」

ディップとセレンは顔を見合わせた。

「めんどくさいから、本人に聞きな」と言うと、ディップはカードに視線を走らせ、

「で、あんたは、どうして、このクラブに入りたいの」

「どうして？」

ディップは苛立《いらだ》たしそうに「なんで科学が好きなのかって、聞いてんだよ」

「なんでって言われても、すぐには……」

「あたしは、すぐ答えられるよ」

「じゃあ、教えてください」

「きれいだから」

「きれい？」

「ミルククラウン、雪の結晶、はくちょう座ループ、ケミカル・ガーデン……科学の世界には、うっとりするくらいきれいなものがたくさんあるから……あたしみたいに」

ディップは同意を求める目を数馬に向ける。

ねっとりした視線から逃れるため、数馬はセレンに顔を向ける。

「どうしてセレンさんは、科学が好きなんですか」

「公平だからですわ」

「公平？」

「親がお金持ちかとか、見た目がいいかとか、人づき合いがうまいかとか、そんなくだらない基準とはまったく関係なく、公平かつ公正に正しさが評価されるからですわ」

おわかり？　という目でみつめられた数馬は、よくわからないまま、うなずく。

「じゃあ、シュレさんは?」

「あんた、さっきからシュレのことばっか聞くけど、もしかしたら、科学が好きだからじゃなくて、シュレがいるから、このクラブに入りたいんじゃないの?」

「え……」

「図星か。まったく、動機が不純なんだから」

「不純って……」

「よろしいじゃないですか。高一男子として健全だと思いますわ」

「いや、そんなんじゃなくて」と言い返そうとしたとき、後ろでノックが聞こえた。

ディップが「誰?」と尋ねると、扉の向こうで「わたし」と答えた。

声を確かめたディップが、引き戸をゆっくりと開く。

扉の向こうに立っていたのは、一昨日《おととい》、昇降口の暗がりから数馬に醒《さ》めた視線を向けていた渡井《わたらい》美《み》月《つき》だった。

渡井はポニーテールを揺らしながら、背筋の伸びたきれいな姿勢でスタスタと実験教室の後ろの棚に歩み寄り、畳んで置いてあった白衣を羽織る。ポニーテールをほどき、かきむしるように髪をくしゃくしゃにして、ポケットからメガネを出してかけると、大きなため息といっしょに肩を落とし、猫背気味の姿勢になって、こちらをふり返る。

渡井美月が、すっかりシュレに変わっていた。

「全員そろってるよ」というディップの言葉にうなずくと、シュレは「じゃ、始めよ」と言って、数馬の背中を押して黒板の前に立たせたあと、ディップとセレンが座る実験用テーブルまで歩き、立ったまま、数馬に語りかけた。

「鈴木くん、わたしに話してくれた光とか時間の流れの話、みんなにも聞かせて」

「え……なんで」

「話してくれたら、理由はちゃんと説明するから」

「でも……」と迷っていると、胸が冷たくなるような声が聞こえた。

「ムダだ」

人体模型の前の実験用テーブルの向こうに、にゅっと上半身が現れた。

「バカに付き合ってるひまはない」

昨日、石神《いしがみ》先生といっしょにいた不知火《しらぬい》だ。テーブルの陰になって見えないが、イスを並べて寝ていたらしい。不知火は立ち上がり、白衣を脱ぎ、手早く畳んで棚にのせると、教室の後ろの引き戸に歩み寄る。

「オッカム先輩、待ってください」というシュレの言葉を無視して、ガチャガチャと鍵を開け始める。

数馬はトゲのある口調で言葉を投げつけた。

「バカかどうか、まだ、わかんないっしょ」

オッカムは手を止め、突き刺すような視線を数馬に向ける。

「ここに入ってきてからのおまえの言動だけで、じゅうぶん、わかるんだよ」

数馬もまっすぐにらみ返す。

「勝手に決めつけんなよ」

「決めつけなんかじゃない。理論的に考えて、正しい結論を導き出しただけだ」

「理論の〝正しさ〟は決して証明できない」とシュレが割りこんだ。

「将来、その結論と矛盾する経験をしないか、誰にもわからないのだから――あのひとも、そう言ってます」

シュレは、白衣の人体模型をメガネの奥の目で指した。

オッカムは人体模型の顔に貼られた西欧のイケメンの写真を見つめたあと、ため息をつき、腕組みして、引き戸にもたれかかった。

シュレは数馬をふり返り、小さくうなずく。

数馬は、黒板に歩み寄り、悟られないよう吐息をもらしてから、左手で黒板消し、右手でチョークを一本つまみ上げて、シュレ、ディップ、セレンたちの方を向いた。

「たとえば、これが自転車で、こっちが石だとします……」

数馬は、頭のなかで、一昨日、宗士郎《そうしろう》に教わった思考実験の記憶をなぞりながら、自転車を黒板消しに、石をチョークに替えて話し始めた。

初めのうちは、ディップもセレンも、にやけた顔で地味な大道芸でも楽しむかのように眺めていたが、そのうち二人とも、数馬の話に引きこまれていった。

オッカムの表情は変わらなかった。

シュレは、時々、数馬の言葉に応えるように、小さくうなずいた。彼女の真剣な眼差《まなざ》しに励まされて、数馬は、なんとか、説明を続けることができた。

数馬は、途中で自転車からロケットに換えた黒板消しをもとに戻しながら、

「つまり、それまでずっと信じられていた『時間は宇宙のどこでも同じスピードで流れる絶対的なもの』というのはウソで、実は、時間も相対的なものだったんです」

教室は、しんとしている。

数馬が一礼すると、ディップが、ゆっくり拍手を始める。セレンも続いた。

「おもしろい。こんな説明のしかたもあったんだね」

「お上手でしたわ」

シュレはうれしそうにうなずいた。

オッカムは「茶番だ」と吐き捨て、鍵をガチャガチャと回し始めた。

「あたしは、おもしろかったと思うけどなぁ」というディップの言葉に、セレンも大きくうなずく。シュレは、心配そうにオッカムをみつめている。

オッカムはドアを開け、ふり返って、

「誰に教わったか知らないが、所詮《しょせん》は、運動バカの付け焼き刃だ」

数馬は、怒りで声が震えないよう注意しながら、

「運動バカだろうが、付け焼き刃だろうが、答えられたら、それでいいっしょ」

「おまえには科学の知識や教養なんて、これっぽっちもない。そんな底の浅いやつに、このクラブの命運をかけるなんて、バカらしくて……」

「想像力は知識より大切だ」とシュレが割って入った。

「知識は限られているが、想像力はこの世界を包みこむ――ですよね」と言って、シュレは、

ちらっと視線を教室の後ろのイケメン人体模型に走らせた。

オッカムも一瞬、人体模型をみつめたあと、数馬に鋭い視線を向ける。

「じゃあ、俺の質問に答えろ」

命令口調に腹は立ったが、数馬は「いいよ」と応じた。

「思考実験だ。ふたごの兄弟がいて、兄はロケットに乗り、宇宙の彼方《かなた》に飛んでいく。地球に残った弟からすると、猛スピードで動く兄の時間の流れは、自分の時間の流れより遅くなる。何年か経《た》って、地球に戻った兄と再会したら、兄は弟よりも若かった」

「その話は……」とさえぎろうとしたシュレを手で制し、オッカムは数馬に尋ねる。

「そうなるよな」

「あぁ、なるよ」

「さっき、言ってたよな。ロケットも、地球も、太陽も、どれが絶対に動いていて、どれが絶対に止まっているなんて言えない。相対的にしか考えられないって」

「言ったよ」

「そうなると、ロケットに乗ってる兄からしたら、地球がすごいスピードで飛んでいったってことになるよな」

数馬はうなずく。

「だったら、兄から考えれば、地球にいる弟の時間の流れ方は遅くなるよな」

「あぁ、遅くなる」

「そしたら、ふたりが再会したとき、弟の方が兄より若くなってるはずだろ」

「あぁ」

数馬の返事を聞いて、オッカムは冷笑を浮かべた。

「二人が再会したとき、弟からすれば兄は自分より若く、兄からすれば弟が自分より若くなっている……それって、どういうことだ？」

数馬は混乱した。オッカムの言う通り、兄は弟より若く、弟は兄より若いなんてことが、同時に起こってしまう。

「ちょっと待ってください」とシュレは声をうわずらせた。

「鈴木くんは『ふたごのパラドクス』の解き方なんて、まだ知らないんです」

「想像力は知識より大切なんだろ？　知ってるかどうかなんて、関係ない」とシュレをいさめたオッカムは、数馬をにらんで「さあ、ご自慢の想像力で答えてみろよ」

数馬は必死に考えたが、なぜ兄も弟もお互いより若いなんてことが起きるのか、どうしても思いつかなかった。

「わからない」

「はぁ、なんだって？　声が小さくて聞こえなかった。もう一回、言ってくれ」

数馬はうつむき、大きな声で「わかんないよ」と言った。

オッカムは、呆《あき》れた顔をシュレに向ける。

「言ったろ？　ムダだって」

シュレは、オッカムをにらみつけながら「テストの範囲は『特殊』だけのはずです。ディップもセレンも、去年、テストを受けたとき、動くと時間が遅れることは説明できましたが、それ以上はたぶん無理でした。鈴木くんがテストの範囲を超えたことに答えられなくても、問題ないと思います」

「去年が『特殊』までだったからって、どうして、今年も『一般』の方はテストの範囲に入らないって、そう言い切れるんだ？」

「それは……」

「シュレがテストするわけじゃないだろ」

「テストは三日後です。まだ時間がありますから、この子なら……」

「シュレも知ってるだろ？　『一般』の方は『特殊』より何倍も、何十倍も理解するのが難しい。たとえ『特殊』が理解できたとしても、あと三日と半日で、素人が『一般』の方も説明できるようになるなんて、絶対にムリだ」

「絶対なんて言えないと」と数馬が力強く言い放った。

「絶対にムリだなんて、勝手に決めつけんなよ」

「ほぉ、よっぽど自信があるんだな。それとも、思った以上のバカか」

「たしかに俺には、あんたたちのような知識はないかもしれない。なんでここに呼ばれて、こんな説明させられてるのかもわかんないし、ふたごのパラなんとかって話も知らないし、さっきから二人が言ってる『トクシュ』とか『イッパン』っていうのも、なんのことだかさっぱりわからないけど、だからって……」

「まじか？」とオッカムが驚きの声をもらした。

ディップもセレンも、呆れた表情で数馬を見ている。

オッカムはもろい吐息を漏らすと、哀れむような目をシュレに向ける。

「来年の春、このクラブがなくなるのは、ラプラスの悪魔が決めたことだ。それとも、自分たちの悪あがきのために、こいつをプロクルステスの寝台《しんだい》に乗せて、頭とか足とか切り落とすつもりか」

「そんなオカルト話を聞かされても、全然、怖くない」

数馬の言葉に、オッカムは顔を赤くして怒鳴った。

「おまえみたいなバカとかかわって時間をムダにするのが一番イヤなんだ！」

オッカムは外に出て、引き戸を乱暴に閉めた。

シュレも、セレンも、人体模型も、骨格標本も、誰も口を開かない。

沈黙を破ったのは、ディップだった。

「ほんとになんにも知らないんだ……やっぱり、あきらめた方がよさそうだね」

「いえ、逆に期待できますわ」とセレンがつぶやいた。

「鈴木さんのように、知識はなくてもセンスだけで挑まれる方が、予想もしない幸運を呼びこむかもしれません」

「まあ、セレンがそう言うなら、そうかもしれないね」と言うと、ディップは眉間《みけん》にしわをよせ、シュレをふり返る。

「あんたが言い出したことなんだから、ちゃんと、この坊やに説明してあげなよ」

そう言うと、ディップとセレンはイケメン神経衰弱の続きを始めた。

シュレは、メガネを外してポケットに入れ、白衣を畳んで棚の上に置き、髪をポニーテールに束ね、背筋を伸ばして渡井美月に戻ると、視線で数馬を誘い、教室を出た。

渡井は廊下の窓を開けると、窓枠にもたれ、グラウンドを見渡す。

「鈴木くんって、走るの、好きだよね」

「一昨日の朝、ちょっとしか見てないのに」

「あのときだけじゃない。いつも、ここから見てたから……科学者が集中して考えたいとき、いろんな行動パターンがあるの、知ってる?」

「パターン?」

「シャワーを浴びたり、お風呂に入ったりする科学者は多いけど、走ってるときが一番集中できるっていう科学者もけっこういる。だから、あなたが楽しそうに走ってるのを見たときには、いつも、なに考えてるのかなぁって」

「なんにも考えてない」

「なにも?」

「どっちかっていうと、頭をからっぽにしたいから走ってるようなもんで……」

「わたしも」

「え？」

「科学が好きなのは、その世界に入ってるとき、現実を忘れさせてくれるから」

「渡井先輩にも、考えたくないことなんてあるんだ」

「ある……っていうか、考えたくないこととか、思い出したくないことばっかり」

「そんなふうには見えないけど」

「きっと、ディップも、セレンも、同じだと思う」

「あの二人はどうかな。ちょっと変わってるけど、悩みなんて……」

「変わってる？」

「ディップさんは服がちょっとアレだし、セレンさんも言葉づかいが……」

「服のセンスは人それぞれだし、言葉づかいだって、育った家庭環境がちがえば……まあ、セレンのペットの趣味は変わってるかもしれないけど」

「何を飼ってるんですか」

「ついこないだ死んじゃったらしいけど、二メートルのアミメニシキヘビ」

数馬は口を開いたが、言葉は出ない。

「爬虫類《はちゅうるい》が好きな子って、けっこういるけど、そこまで大きいと、わたしはちょっと苦手だな」

　渡井の瞳に空が映る。

「鈴木くんの言うとおりかもしれない。みんな、ちょっと変わってるかな。だから、この『科学部』のほかには居場所がなくて……でも、今年は一年が入らなくて……っていうか、石神先生が入れてくれなくて」

「入れてくれない？」

「科学部にふさわしい生徒がいないからって、毎年やってるテストをしなかったの。このままだと、オッカム先輩が卒業した時点で、部員は四人以上っていうクラブの条件が満たせなくなるから、来年の春には、科学部、自動的に消滅しちゃう」

「クラブをなくすなんて、そんな大事なこと、石神先生が決めていいの？」

「科学部は二十年ほど前、石神先生と当時の生徒の二人でつくったクラブだから」

「そうなんだ」

「椎谷《しいたに》先生が石神先生から聞いた話を教えてくれた。昔とはちがって、科学に興味を持っている生徒が減ってきて、幽霊部員ばかり増えたって。だから、何年か前、石神先生は希望者をテストして、合格した生徒しか科学部に入れないようにしたんだけど、今年はテストに値する生徒もいないから、もう終わりにしようって」

「いくら自分がつくったクラブだからって、ちょっと横暴だよな」

「だから、せめて誰か一人でいいから、テストだけはやってほしい、このクラブを続けられるチャンスがほしいって、わたしが石神先生に直訴したの」

「すごいな」

「そしたら、渋々、テストしてもらえることになった。そのとき、石神先生が候補に選んだのが、鈴木くん」

「なんで俺が？」

「わからない。でも、石神先生の選んだ生徒がテストに受からなかったら、科学部がなくなっちゃうから、テストの前に鈴木くんのことを調べて、合格ラインに足りなそうなら、受かるよう誘導しようって。それで何日か前……西木《にしき》くんだっけ？　彼にあなたのことを尋ねたの。そしたら、毎朝、川で走ってるってわかって……」

「それで、一昨日の朝、川に来て、俺に声をかけたんだ」

「どこまでできるか、模擬試験してみた。いけるかもって思った。科学の知識はないけど、センスはいいから。それで今日、みんなの前で話してもらってから、事情を説明して助けてもらおうと思ったんだけど……もう、潮時かな」

「しおどき？」

「これはわたしたちの問題で、鈴木くんには関係ない。わたしたちにとって科学部が必要なように、鈴木くんにとっては走ることが大切なのに、自分たちの都合で、むりやり科学部に引き抜こうなんて……」

　渡井は言葉をとぎらせる。

　視線の先で、ムクドリの大群が舞っていた。渦巻いたり、長く伸びたりしながら、無数の羽ばたきで茜《あかね》の空を震わせる。

　渡井は、激しくうねる影を目で追いながら、

「オッカム先輩に言われたことがある。おまえたち三人は〝飛ばない鳥〟だって」

「ダチョウとか、ペンギンってこと？」

「そういう〝飛べない鳥〟じゃなくて、ほんとうは空を飛べるのに、外の世界が怖いから〝実験教室〟っていうカゴのなかに逃げこんでるだけだって……たしかに、そうかもしれない。いくら居心地いいからって、一生、ここにいられるわけじゃないし……」

突然の風にポニーテールが揺れる。

渡井は去りゆく風を追うように、窓から身を乗り出し、ふと視線を落として、そのまま凍りついてしまった。

数馬も窓の下を見た。

東の昇降口の前にナンシーとオッカムがいる。言い争っているように見えた。

ナンシーが立ち去ろうとすると、オッカムが彼女の手をとって引き留める。

ナンシーはオッカムの耳もとに顔を近づけ、何かささやいたあと、西の昇降口の方へと石畳を歩き出す。

オッカムも、ゆっくりとした足取りで、ナンシーのあとを追った。

「ねぇ、ここから飛び降りたら、どうなると思う？」

渡井の凍えた横顔が、感情のない声で数馬に尋ねた。

「３メートル、いや、４メートルくらいあるよ」

「鳥っていいなぁ……自由に飛べたら、どんなに気持ちいいんだろ」

「人間は飛べない」

「せめて一瞬でいいから、空を飛ぶ鳥の気持ち、感じてみたい」

「飛ぶのと落ちるのとはちがう」

「もしかしたら、世界をすっかり変えてしまう大発見ができるかもしれない」

「世界を変える？」

「一〇〇年前、そういうひとが、実際にいたわけだし」

数馬には、なんの話かさっぱりわからなかったので、だんだん腹が立ってくる。

「世界を変える前に、死ぬかもしれない」

「でも、下は花壇だから、土もやわらかいし、これくらいの高さなら大丈夫かも」

「死ななくても、確実にケガするよ」

「いつか、テレビで、女子プロレスラーが、コーナーポストの上からリングの下の相手に向かって飛んでるの、見たことある。これくらいの高さだった」

「あれは、下にいるレスラーが受け止める段取りになっていて、クッションの役目を果たしてるから、あの高さから飛んでも大丈夫なだけ」

「じゃあ、下に行って、受け止めて」

数馬が黙っていると、渡井は両手で窓枠を握り、小さくジャンプして足をかけ、片手で横の窓枠をつかみ、腕と足に力をこめて立ち上がった。窓の縦幅より渡井の身長の方が高いので、彼女の肩から上は壁の向こうにはみ出している。

「やめろよ」

「ほら、早くしないと、飛んじゃうよ」

「だめだ」

飛ぶよ、と叫んだ瞬間、渡井は突風にあおられ、窓の外へよろめく。数馬はとっさに彼女の腰に飛びつき、思い切り後ろに引く。体をひねりながら、宙に舞う渡井の体をうけとめるのが精一杯で、受け身を取る余裕はなかった。背中から床に叩《たた》きつけられたが、なんとか自分がクッションになり、落下の衝撃から渡井を守ることができた。

激しい痛みで、目の前が真っ暗になった。いい匂いがする。やわらかなものが胸に押しつけられていて、それが何かに気づいたとき、ガラッと実験教室の引き戸が開いた。

「あら、見かけによらず、大胆ですわね」とセレンが驚きの声をあげると、後ろからのぞきこんだディップが、ふしぎそうにつぶやく。

「でも、上下が逆じゃね?」

渡井は、腕立てふせの要領で体を離すと、そのまま立ち上がり、数馬をにらみつけてから、階段を駆け下りた。

「あーあ、嫌われちゃった」とディップが茶化すと、「恋の秘訣《ひけつ》はネバーギブアップですわ」とセレンはなぐさめの言葉をのこし、ゆっくり引き戸を閉めた。

夕食の時間帯だったが、ファミリーレストランには空席が目立っていた。数馬は、万一、店の前を蓉子《ようこ》が通りかかっても見つからないよう、道に面した窓から一番遠い壁際のテーブルを選んだ。

自分は壁側に座り、宗士郎は窓に背を向けるかたちで座らせた。

宗士郎は、メニューに目を走らせながら、

「なんでファミレスなんだ？」

「コーヒーでも飲みながらって言ったの、父さんだろ」

「言ったよ。日も暮れちまうから、土手で話すよりいいと思ったんだけど、もっと普通の喫茶店を想像してたから」

「父さんが『どんなに急いでも七時にしか着けない』って言ったからだろ？　こんな時間にあいてる店、ファミレスくらいしかないよ。普通の喫茶店がいいなら、もう少し早い時間じゃないと」

「そんなこと言われたって、今回の帰国は一週間しかなくて、ただでさえ過密スケジュールなのに、いつも急に呼びつけるから」

「ファミレスも、喫茶店も、大して変わんないだろ」

「大丈夫なのか。外から店のなかが丸見えだぞ」

宗士郎は、メニューから目を離し、ちらっと後ろをふり返る。

「今日の帰りは十一時を過ぎるって言ってたから」

宗士郎は数馬に向き直ると、ひとなつこい笑みを浮かべた。

「そうか。見つかる心配ないのか。じゃあ、ひさしぶりに、一緒に晩飯でも食うか」

「飲み物だけでいいよ」

「なんでだよ」

「冷蔵庫につくり置きがあるから、家に戻って、母さんが帰って来るまでに食べとかないと、誰かと食べてきたんじゃないかって、疑われちゃうよ」

宗士郎は、さびしそうな顔でテーブルの上に置かれたコールベルのボタンを押す。

「それで、急に呼び出して、今度は何が聞きたいんだ」

「昨日の『止まってる方からみたら、動いた方の時間の流れは遅くなる』って話」

「あれが、どうした」

「まちがってたよ」

「まちがってた？」

「だって、もし、ふたごの兄弟がいたとして……」

宗士郎が、数馬の話をさえぎるように言った。

「その話か」

「その話って……まだ話してないよ」

「地球に残ったふたごの弟からすれば、ものすごいスピードで動いている兄の時間の流れは遅くなるから、戻ってきたころには、兄の方が弟より若くなっている。でも、物事に絶対はなく、すべては相対的だから、兄からみれば、弟のいる地球がものすごいスピードで自分の乗ってるロケットのそばから飛んでいって、また戻って来るわけだから、再会したとき、弟の方が何歳も若くなっている。ふたごの兄が弟より若く、同時に、ふたごの弟が兄より若いなんてことはありえない……そういう話だろ？」

数馬は宗士郎をみつめる。宗士郎は笑みを浮かべて、

「その話の謎は解ける。ただし、昨日までの話だけじゃ足りない」

「足りない?」

「だって、まだ世界の半分しか説明できてないからな」

「世界の……半分?」と数馬が尋ねたとき、店員がオーダーを取りに来た。

宗士郎は、ドリンクバーを二人分と、パンケーキを頼んだ。

「晩御飯、食べるんじゃなかったの?」

「そのつもりだったけど、気が変わった」

「どうして?」

「この話をするなら、パンケーキの方が役に立ちそうだからな」

「役に立つ?」という数馬の問いかけには答えず、宗士郎は、

「九時に帰らなきゃいけないんだろ? すぐ説明を始めるけど、その前に、飲み物を持って来てくれ。俺はホットコーヒー、それと、スティックタイプじゃなくて、角砂糖があったらほしい。あと、コーヒーに入れるミルクもよろしく」

数馬は、自分が飲むコーラと、宗士郎のホットコーヒー、そして、個別に紙で包装された角砂糖と小さなプラスチックのケースに入ったミルクのポーションをコーヒーの受け皿のあいた所に置いて、テーブルまで運ぶ。

宗士郎は、せっかく持ってきたミルクも角砂糖も入れず、ブラックでコーヒーを飲みながら、数馬に尋ねる。

「昨日の話、覚えてるか」

数馬は、手つかずのミルクと角砂糖をちらっと見てから、小さくうなずく。

「あの話には条件がついてただろ」

「条件って？」

「二つのロケットが等速直線運動しているときって」

「あぁ、宇宙でボールを投げたときとおんなじで、どこまでもまっすぐ、同じスピードで動くってやつね」

「そうだ」と言って、宗士郎は、テーブルの上の紙のおしぼりを手に取る。

「もし宇宙飛行士が、宇宙空間でこのおしぼりを持って、手を離したら、どうなる？」

「宇宙では、どうもならないよ」

「そう。おしぼりは手を離した位置で、そのまま浮かんでる」

宗士郎は、自分の顔の前で、おしぼりをゆらゆらと揺らす。

「今度は宇宙空間で、このおしぼりを投げたら、どうなる？」

「だから、等速直線運動で飛ぶんだろ」

「そう。力を加えなかったら、その場に止まってるし、押したら、等しい速度でどこまでも同じスピードでまっすぐ進んで行く。それが等速直線運動だ。ロケットでも、隕石《いんせき》でも、星でも、宇宙空間に浮かんでいるどんな物体も、等速直線運動をしているかぎり、昨日の話は通用する。でも、この世界には、等速直線運動以外の運動もある」

宗士郎は、また目の前のおしぼりを揺らす。

「実際に、このおしぼりを投げてみるぞ」

投げられたおしぼりは、放物線を描いてテーブルの上に落ちる。

「まっすぐに飛んでいかずに、途中で落ちちまった」

「当たり前だろ」

「なんで等速直線運動しないんだ」と宗士郎が尋ねる。

「重力があるから」

「その通り。地球には重力があるから、モノは落ちる。落ちていくスピードは？」

「中学で習ったよ。落ちれば落ちるほど、スピードは上がっていくんだろ」

「それが重力の加速度だ。重力に引っ張られ続けるから、どんどん加速する」

宗士郎はまた、おしぼりを投げる。

「ほらな。重力があると、おしぼりは加速しながら下向きにカーブして落ちる。その動きは等速でも直線でもないから、昨日までの話が通用しない……ってことは？」

「重力がある地球では、昨日の話が使えない？」

「地球だけじゃない。月にも地球の6分の1の重力があるし、太陽みたいに大きな星の近くなら、もっと強い重力がある。宇宙には太陽より大きな星が無数にあって、至る所に重力の影響があるから、昨日の話は、宇宙全体に使える理論とは言えないわけだ」

「そっか。重力があると、使えないのか」

「がっかりしなくていいよ。逆に言えば、加速して曲がる運動の世界にも通用する理論を考え出すことができれば、昨日の話と合わせて、全宇宙を新しい見方で説明できるようになる。つまり、今度こそ、世界を変えられるってわけだ」

数馬はコーラをかき混ぜながら「世界を変えられる」と宗士郎の言葉をくり返した。

宗士郎は満足そうにうなずくと、数馬の目をまっすぐに見つめて言った。

「そのためには『**どうして重力でモノは落ちるのか**』って謎を解かなきゃいけない」

数馬は視線を落として、コーラの表面で微細な泡が弾けるのを眺めながら「どうしてモノは落ちるのか」と復唱したとき、ふと、何か思い出しそうになった。

けれど、記憶の底から浮かび上がる前に、宗士郎の言葉が意識にかぶさる。

「その謎を解くために、まずは、重力を何かほかのものに置き換える必要がある」

「置き換える？」

「あぁ、**重力を加速に置き換える**んだ」

「加速？」

「もし、高いところから落ちても、落ちてる間は重力を感じないだろ？」

数馬は黙っている。

「ほら、宇宙飛行士の訓練とかで、飛行機を急降下させて、なかに乗ってる訓練生たちの体をまるで宇宙空間にいるみたいにふわふわ浮かせてるの、見たことないか」

「いつだったか、テレビでやってた」

「本当は飛行機ごと落ちてるだけなんだけど、外の景色が見えないから、なかにいる訓練生たちは、飛行機が急降下していることに気づかない。だから、体が機内で浮き始めると『重力が消えた』とか『無重力状態になった』とかって、錯覚しちまうわけだ。つまり、モノが落ちるのと同じ加速度で飛行機を急降下させることで、飛行機のなかの重力を消したってわけなんだ」

しばらく考えてから数馬がうなずくと、宗士郎はわずかに身を乗り出す。

「消せるってことは、逆に、つくることもできるはずだろ」

「重力をつくる？」

「そう、つくるんだ。たとえば、いま、宇宙でロケットに乗ってるとする。ロケットは等速直線運動していて、おまえの体は無重力状態でふわふわ浮いてる。いいか？」

数馬はストローをくわえたまま、うなずく。

「そのロケットが燃料を噴射して、地球の重力と同じ加速のペースで、おまえの頭の方向に飛び始めたら、浮いてたおまえは、どうなる？」

「どうなる？」

「SF映画とかで、宇宙船がワープで加速した瞬間、乗組員が進行方向と逆の方向に、ぐぐぅって引っ張られるシーン、見たことないか」

「あるよ」

「あれと同じだ」

「じゃあ、逆方向だから、俺は足の方に引っ張られて、壁に押し付けられる」

「正解だ。地球の重力と同じ加速度だから、いつもの体重ぶんだけ足の方に引っ張られ続ける……それって、ロケットのなかに地球と同じ重力が生まれたことにならないか」

数馬は、頭のなかの想像をたどり直してから、ゆっくりとうなずく。

「ほらな、つくれただろ?」

宗士郎は、ひとなつこい笑みを浮かべる。

「これで、重力は加速度と置き換えられるってことがわかったよな」

「でも、置き換えられるからって、モノが落ちる謎が解けたわけじゃないだろ」

「それは、これからだ。いよいよ『なぜモノが落ちるのか』の謎を解くわけだけど、それには〝モノサシ〟が必要なんだ」

「モノサシ?」

「光だ」

「また光?」

「そう。重力とは何なのか、その謎を解くために、光をモノサシとして使うんだ」

「えぇと、肉食うな、だから、2億9千……」

「あっ、それ、使わなくてもいい」

「え？」

「今回は〝速さ〟じゃない。光の〝性質〟をモノサシに使うんだ」

光の性質って、と尋ねようとしたとき、店員がパンケーキを運んできた。

宗士郎は「うまそうだ」とつぶやいたが、フォークを持とうともせず、話を続ける。

「光は、邪魔するものがなければ、空間をまっすぐ進む。知ってたか」

「知ってるっていうか、なんとなく、そんな気はするけど」

「そして、光には重さがない」

「重さがない？」

「ないんだ。『光の速さは変わらない』っていうのと同じ。『真空中で光は直進する』ってことと『光に重さはない』ってことは、科学的に検証された事実なんだ。いいか」

「うん」

「前提条件を確認しておくぞ。第一に、重力は加速で置き換えられる。第二に、光は空間を直進する。第三に、光に重さはない。この三つをしっかり覚えておいてくれ」

「わかった」

「それじゃあ、『重力とは何か』を解明するための思考実験、始めるぞ」

宗士郎はスマホを取り出し、電源をオフにすると、タッチパネルをハンカチできれいに拭いてから、真っ黒に磨き上げたパネルを縦にして、数馬の目の前に突き出した。

「これ、おまえが宇宙で乗っているロケットだとする」

「ロケット?」

「そう。いまは一定の速度でまっすぐ、つまり、等速直線運動で飛んでいるとしよう。このロケットには、おまえから見て左側の壁の上の方……」

そう言って、宗士郎は、右手の人差し指でスマホの黒いパネルの左端の枠の上から4分の1あたりを指差す。

「ここに発光体があって、反対側のおまえから見て右側の壁の上の方……」

今度は、スマホの右端の上から4分の1あたりを指差す。

「ここに向かって光を発射する」

「光を左の壁から右の壁に飛ばすってこと?」

「そうだ。その光をロケットの床の方で浮いているおまえが……」

「ロケットに床とかあるの?」

宗士郎は、しばらく考えてから「説明のために、ロケットの進行方向の壁を『天井』、噴射口の方の壁を『床』と呼ぶことにする」

　数馬がうなずくと、宗士郎はスマホの黒いパネルの下半分を指さして、

「で、おまえはロケットのなかのこのあたりにふわふわ浮いてて、光が壁の左から右へ飛んでいくのを見ている。いいか」

「いいよ」

「じゃあ、等速直線運動してるロケットで、光を左から右へ飛ばしてくれ」

「俺が？」

「あぁ。黒いパネルに指先を触れさせたまま、光の軌跡をなぞればいい」

　数馬はスマホのパネルの上の方あたりに、左から右へ、指先で水平に直線を引く。

「どうだ」

「どうって……」

「ロケットのなかのおまえから見たら、光時計の光の軌跡は、どんなふうに見えた？」

「左から右へ、まっすぐ進んだよ」

「正解だ。床の近くで浮いてるおまえから見たら、光の軌跡はまっすぐな直線になる」

　宗士郎はスマホの黒い画面を見て、何か確かめたあと、数馬に向ける。

いた。

「見えるか？　おまえが引いた光の軌跡が汚れになって残ってる」

宗士郎の言うとおり、黒いタッチパネルの上の方に、指の脂で水平に引かれた線が光って

「じゃあ、次は、このロケットを地球と同じ加速度で加速させるぞ」

「加速させる？」

「おまえは、さっきと同じように、ロケットの左の壁から右の壁へ、光をまっすぐ飛ばすつもりで、指を動かしてくれ」

「また、スマホに横棒を引けばいいんだね」

「ちがう。ロケットが等速直線運動しようが、加速しようが、関係なく、光はまっすぐ進むだろ？　動いてるスマホに横線を引こうとするんじゃない。スマホの左端から指先をスタートさせて、さっきと同じように、ただ水平に指を動かすんだ。いいか。ゼロでスタートだぞ。サン、ニィ、イチ、ゼロ！」

数馬が黒い画面の上で指先を左から右に水平に動かし始めるのと同時に、宗士郎はスマホを真上に動かし始める。

思わずつられて指先を上げそうになったが「水平に！」と注意され、なんとか真横に指先

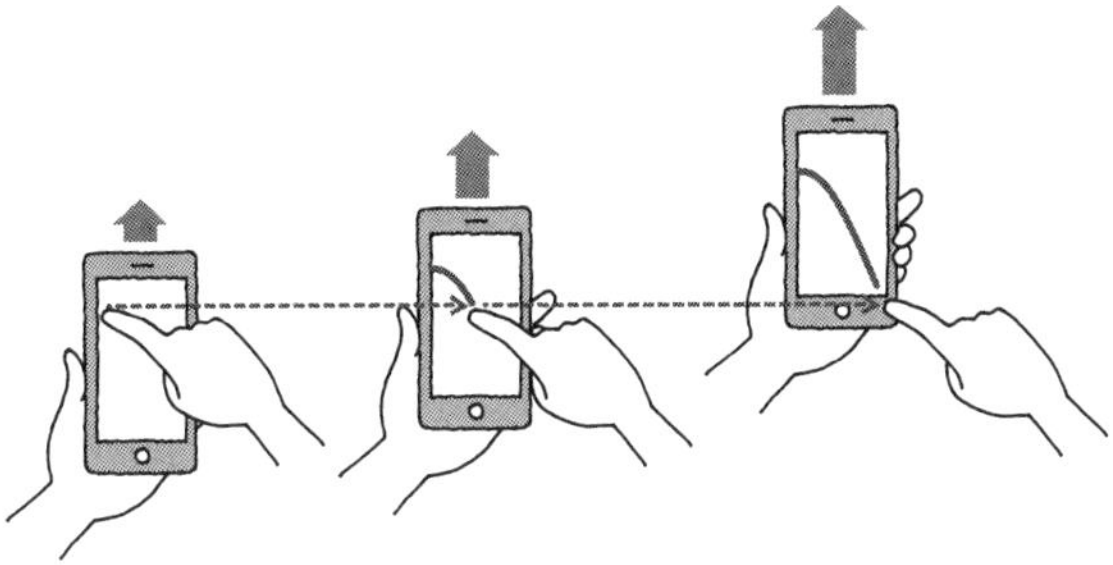

を動かす。宗士郎がスマホの動きを加速させたので、数馬の指先はディスプレイの右下の角のあたりで画面から外れてしまった。

「どうだ」

「どうって……」

「俺が加速させている間、ロケットのなかには地球と同じ重力が生まれたから、おまえは自分の体重を感じながら、床に立ってたはず……だよな」

　数馬は小さくうなずく。

「そんなおまえが見上げてた光の軌跡、どんなふうだった?」

「どんなふうって……」

「等速直線運動のときみたいに、左の壁から右の壁にまっすぐ飛んだか?」

「いや、なんていうか……だんだんカーブしながら落ちてって、最後は、下に向かってストンって感じで……」

「その通り。ここにおまえの指先の軌跡、つまり、光の軌跡が残ってる。ほら！」

宗士郎は、画面を数馬に見せる。確かに、さっき引いた水平の直線とは別に、左の端からなだらかにカーブし、途中から急な傾きで下に落ちる放物線が光っていた。

「これと同じだ」と言って、宗士郎はおしぼりを投げる。

「ロケットを加速したら、水平に進んでいたはずの光も、加速しながら下方向へ曲がって見えた。そうだな？」

「そうだよ」

「じゃあ、ここで、さっき確認した三つの条件の一つめを思い出してくれ」

「えっ……えぇと……」

「第一に、加速と重力は？」

「そっか。加速と重力は置き換えられる」

「そう。だから、この思考実験でわかったことは、重力がないと、光はまっすぐ水平に進むけど、加速したら……っていうのは、置き換えて考えれば、重力がかかったら、光は重力が引っ張る方向に曲がってしまうということだ」

さっきの思考実験を頭のなかで整理してみる。確かに、宗士郎がスマホのロケットを加速させ、乗っていた数馬の体が床の方に引っ張られて、重力のような力を感じるようになったら、光の軌跡は放物線を描いて、数馬の足の方へと落ちた。

「さっき父さんが投げたおしぼりみたいに、光は、重力に引かれて、放物線を描きながら落ちてったよ」

「そうだ。でも、それって、おかしくないか」

「おかしい？」

「二つめと三つめの前提条件は、何だっけ」

「光はまっすぐ進む、と、光は重さがない……あっ！」

宗士郎は目を輝かせて、

「気づいたみたいだな。まっすぐに進むはずの光が、まるで重力に引っ張られたみたいに、放物線を描いて落ちてしまった」

「でも、光は重さがないんだろ？　重さのないものが重力に引っ張られたりしない」

数馬の言葉に相槌《あいづち》を打ってから、宗士郎が言う。

「だから、やっぱり光はまっすぐ進んでるんだよ。だけど、おまえから見たら曲がっているように見えた。ということは……」

「ということは？」

「重力で空間が歪《ゆが》んでいる」

数馬は、上目づかいに宗士郎をみつめた。

「空間が……歪む？」

「正確には『空間』じゃなくて……」と話しかけた宗士郎は、ふと言葉をとぎらせて「……いや、いまは『空間』って言っておいた方がいいかな」と、ひとりごとのようにつぶやいてから、言葉を続ける。

「空間が重力で歪められたから、その歪んだ空間のなかを直進する光も、いっしょに歪んで見えたんだ。つまり、重力というのは、空間の歪みに置き換えて考えられるんだ。重力が弱ければ、空間の歪みも小さいし、重力が強ければ強いほど、そのまわりの空間の歪みは大きくなるんだよ」

「いきなり『重力で空間が歪む』って言われても……」

宗士郎がパンケーキののった皿を押し出す。数馬は迷惑そうに、

「いいよ。言ったろ？　家に帰ってつくり置きの夕食を食べなきゃいけないから……」

「そうじゃない。これは〝宇宙〟だ」

「はぁ？」

宗士郎は、ミルクを手に取り、ポーションのフタを外した。

「そして、おまえから見て左から右へ、光を飛ばす」

宗士郎はポーションを皿の上で横方向に動かして、すぅっとミルクを注ぎ落とした。

パンケーキの中心から少し上にずれたところに、白い直線が水平に引かれた。

「このミルクの線が宇宙空間を通った光の軌跡だとする。いいか」

数馬がうなずくと、宗士郎は角砂糖を一つ、包装紙から取り出して、パンケーキの真ん中に置いた。水平に引かれたミルクの線と角砂糖は1センチほど離れている。

宗士郎は、パンケーキから数馬へと視線を上げて、

「さて、この角砂糖の星の重力がものすごく大きかったら、どうなる？」

数馬が答えに困っていると、宗士郎は、わずかに身を乗り出して、

「ほら、さっき言ってたろ？　空間は重力で……」

「……歪む？」

「正解」と言うと、宗士郎はパンケーキの中心にある角砂糖の上に人差し指を置く。

「じゃあ、強い重力で、空間を歪めるぞ」

宗士郎は、角砂糖を見つめて、人差し指の先でパンケーキに押し込む。

「ほら、どうなった？」

「父さんが押し込んだ角砂糖のせいで、パンケーキがくぼんじゃったよ」

「そう。そして、真ん中の重力の強い星が宇宙空間を歪めたら、直線だった光の軌跡は、どうなった？」

宗士郎に尋ねられ、数馬はミルクの白い線をみつめる。

「父さんが押しこんでる角砂糖に引きずられるみたいに、ぐんにゃり曲がってるよ」

宗士郎は、自分の指先から数馬の顔へと視線を上げる。

「そう。おまえから見ると、光は、まるで強い重力に引っ張られたみたいに、その星の方へとカーブして見えている。だけど、光はまっすぐ飛んでいるはずだ。つまり、おまえには、光が空間ごと歪められたのが見えているんだよ」

宗士郎は、角砂糖から指を離して、話を続ける。

「もちろん、重力で空間が歪むっていうのは、こんなふうに単純に一つの方向にへこむわけじゃないし、重力に引かれたあとの光は、もとの方向じゃなくて、重力の方向にズレて進むことになるんだけど……まあ、細かい話は置いといて、重力で空間が歪んで、光が重力の方向に引っ張られるっていうのは事実だし、それがどんなものなのか、こうやって目の前で見てみると、イメージしやすいだろ？」

数馬は、角砂糖の上に人差し指を置き、ぐっとパンケーキに押しこむ。確かに、ミルクで描かれた光の直線の軌跡は、角砂糖をパンケーキに押し込めば押し込むほど、角砂糖の近くの部分がまるで引っ張られるように曲がった。

数馬は、お椀《わん》の形に曲がった光の軌跡を見つめたまま、

「重さのない光が重力に引っ張られるように見えるのは、重力の正体が『空間の歪み』だからだっていう話は、なんとなくだけど、わかったよ。でも……」

「でも……なんだ？」

数馬は角砂糖から指を離して、宗士郎に目を向ける。

「それがわかっても、『ふたごの兄弟』の問題の答えは、やっぱり、わかんないよ」

「そこで、また、こいつの出番だ」と言って、宗士郎はテーブルの隅にあったスマホを手に取ると、数馬の目の前に置いて、

「さっき、わかったことがあったよな。重力は加速に？」

数馬はしばらく考えてから、

「置き換えられる」

数馬の言葉に、宗士郎は大きくうなずいてから、

「そうだ。じゃあ、ここで思考実験と行こう。このスマホは宇宙空間に浮かぶロケットだ。この黒いタッチパネルの部分がなかの空間だとして、そっちの壁に……」と言って、宗士郎は四角いタッチパネルの数馬に近い方の一辺を指さす。

「……ここに、光時計をくっつける」

「前に、行ったり来たりしながら、1ビョン、2ビョンって計ったやつ？」

「いや、今回は、また別の仕組みだ。1秒ごとに光るんだ。一度光ると、次に1秒きっかりで光って、また、ピッタリ1秒経ったら光るから、時間の経過が正確に1秒単位で計れる時計だ。いいか」

数馬はうなずく。宗士郎も小さくうなずくと、

「で、おれに近い方の壁は透明のガラスでできていて、おまえは、そのガラスのさらにこっち側の……」と言って、今度は、スマホの宗士郎の側のプラスチックの枠を指さす。

「……ここの狭いスペースにいるとする。おまえはガラスに張りつくように寝そべって、タッチパネルの空間を隔ててそっちの壁にある光時計を見てるんだ。いいか」

「なんで、そんなことしなくちゃいけないの？」

「あとでわかるから、とりあえず、そっちの壁に置かれた光時計の光が、こっちのガラスに張りついていているおまえに、どんなふうに届くか、指で、その光の動きを見せてくれ」

数馬は渋々、タッチパネルの一番手前に人差し指の先を置くと、画面全体を下から上へスクロールさせるときの要領で、手前から宗士郎の方へ、まっすぐ前へと指先を動かして、黒いパネルを縦断させる。

宗士郎はうれしそうにうなずくと、「もう一回」

数馬は、タッチパネルの真ん中を通るように、手前から向こうへ指先をすべらせる。

「さて、ガラスに張りついているおまえには、光時計、どんなふうに光って見える？」

「どんなふうって……きっちり1秒間隔で光ってるよ。だから時計なんだろ？」

「光時計からおまえに光が届くまでの時間は一定で変わらないから、そうなるよな」

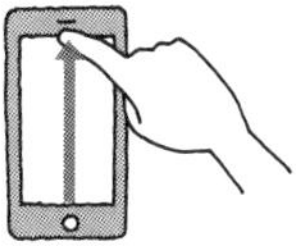

宗士郎はうれしそうにほほえむと「その指先の速さ、つまり、光がおまえに届く動きの速さを覚えておいてくれよ」
「光なんだから、ほんとは一瞬なんでしょ？」
「思考実験だから、そこは気にしなくていい。ただ、光のスピードは絶対に変えないでくれ。じゃあ、いよいよ、加速して重力をつくるぞ」

宗士郎は手を伸ばし、スマホを親指と人差し指で挟むと、自分の方にすっと引き寄せた。

「どうだ？　ガラスに張りついたおまえは、どんな感じだった？」

「どんなって……ロケットがそっちの方向に加速したんだから……ガラスに押しつけられるみたいな感じに……」

「正解！　しかも、ちょうど地球の重力と同じ強さの力がかかるように加速したから、おまえは、ベッドとか床に寝転がってるときと同じように、自分の体重ぶんだけガラスに押しつけられる。それは、反対側の壁に置かれた光時計も同じだ」

宗士郎はスマホに手を添えたまま、話を続ける。

「言い換えれば、ロケットを加速させることで、進行方向と逆、つまり、そっちの方向に、地球と同じ重力で引っ張られている状態をつくりだしたってわけだ」

じっと見つめられて、数馬は小さくうなずく。

宗士郎は数馬のすぐそばのテーブルの端までスマホを押し戻して、

「よし。じゃあ、もう一回、ロケットを加速させるから、さっきみたいに、光時計の光をこっちの壁にいるおまえのところまで動かしてくれ。まず、光時計を一度光らせる。それがス

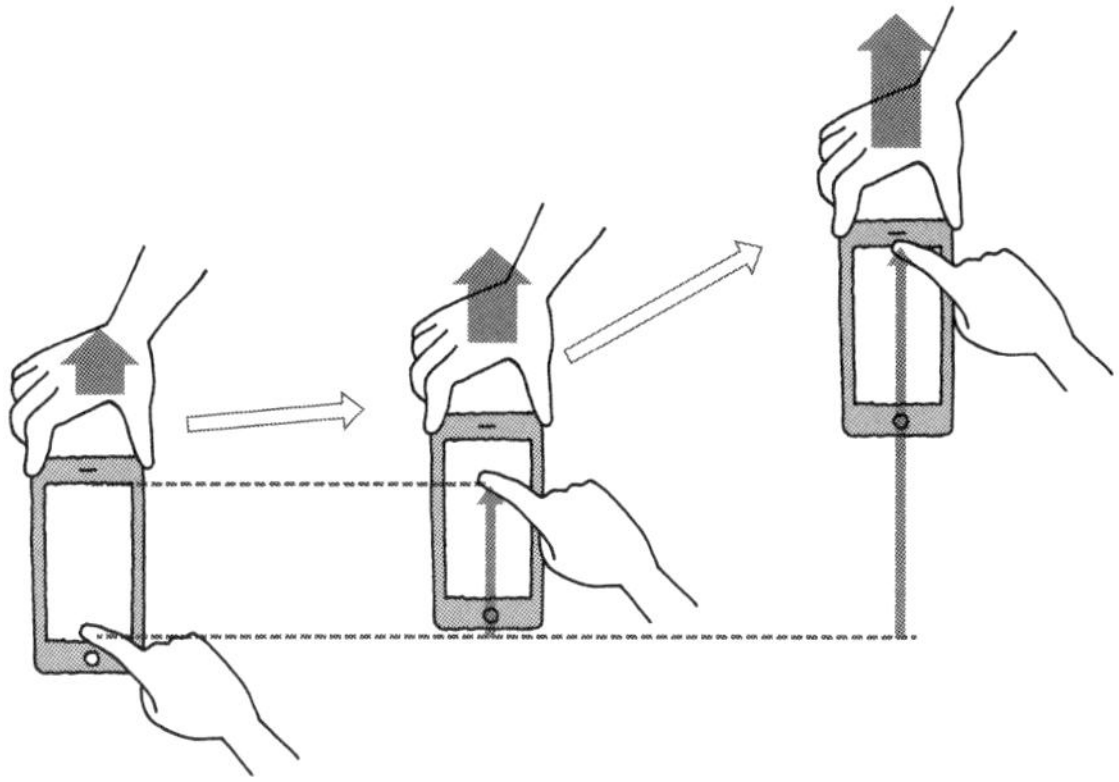

タートの合図だ。さあ、光時計のところに指を置いて。おれが『光った！』って言ったら、さっきと同じスピードで、光を飛ばすんだぞ、いいな」

数馬が指先を黒いパネルの手前の端に置くと、宗士郎はカウントダウンを始める。

「サン、ニー、イチ、光った！」

数馬がさっきと同じスピードで、まっすぐ宗士郎の方に指を動かし始めると同時に、宗士郎は、数馬の指の動きより少し遅いスピードでスマホを引き始めた。なので、パネルの向こうの枠で寝そべって光を見ているはずの自分に指先が追いつくまでに、スマホは宗士郎によってテーブルの幅の3分の1ほど数馬から離れた位置まで引き寄せられていた。

「どうだ？」

「どうって？」

「おまえのところに届くまでの光時計の光の軌跡、さっきと同じか？」

「同じじゃないよ。父さんがスマホを動かしたから、その分、余計に長くなったよ」

「ってことは、スタートで光ってから、おまえが光を見るまでに経った時間は？」

「経った時間……あっ……」

「そういうこと。加速する前は、おまえが見る光の間隔は1秒きっかりだったけど、ロケットが加速したら、光時計の光がおまえに届く時間は、前の光より長くなる。当然、前の光から次の光の間隔も一秒以上になる。つまり、加速で引っ張られる〝重力の方向〟から遠い位置のおまえからみると、重力の方向に近い光時計の時間の流れは遅くなるんだ」

数馬はしばらくスマホの黒いパネルを見つめていたが、ふと、視線を上げる。

「でも、それって、『時間の流れが遅くなる』って言ってもいいのかな」

「どういう意味だ？」

「だって、ロケットを加速して一発目の光は、たしかに1秒以上遅れて俺に届くけど、その一発目がまだ俺に届く前のきっかり1秒後には二発目が光って、さっきと同じぶんだけ遅れて届くんだから、俺からみても一発目と二発目の間隔は1秒きっかりで、二発目と三発目の間隔も1秒、次も1秒ってことは、結局、時間の流れの速さ自体は変わらないって……」

「おいおい、このロケットは加速してるんだぞ。最初はこれくらいしか動かないけど、次の光時計の1秒の間には……」と言って、宗士郎は、数馬の方に近かったスマホを一気に自分のすぐそばまで引き寄せながら、

「もっと長い距離を動くから、そのぶん、二発目の光がおまえに届くためには……」

「あっ……」

「だろ？　やっぱり前の光より時間がかかる。次はもっと、その次はもっとかかるから、結局、光と光の間隔はずっと1秒より長いまま……つまり、時間の流れが遅くなるんだよ」

数馬は目をふせてしばらく考えていたが、また、鋭い視線をあげる。

「いや、やっぱり、おかしいよ」

「まだ納得できないのか」

「光時計の1秒が俺には1秒以上になるのはわかった。だったら、このロケットを逆の方向に加速したら、今度は俺が光時計の方にどんどん近づいていくことになるから、さっきとは逆に、光時計の光が俺に届くまでの時間は、どんどん短くなっていくだろ」

「そうだよ。どこがおかしいんだ？」

「えっ……どこがって……」

「重力の方向から遠い光時計の1秒は、近いおまえにとっての1秒より短くなる。つまり、重力の方向から近いおまえからみると、遠い光時計の時間の流れは……」

「速くなる?」

「そう。逆に、重力の方向から遠い光時計からみると、近いおまえの時間の流れは?」

「遅くなる……あっ」

「ほら、さっきと同じだろ? つまり、まるで重力が〝時間の流れ〟の足を引っ張るみたいに、**重力の方向に近づくほど時間の流れは遅くなる**んだ」

数馬が小さくうなずくと、宗士郎はあの無邪気な笑みを浮かべて、

「納得してもらえたところで、重力の方向に近いとか遠いとかって面倒くさいから、地球に置き換えてみよう。重力の方向から遠くなるほど時間の流れが速くなるってことは、高い山のてっぺんとか、雲の上とか、高く上がるほど時間の流れは速くなるってことで、その正しさは実際に証明されていて、ふだん、おまえが使っているものにも利用されてるんだよ」

「ふだん使ってるもの?」

「おまえ、スマホで行きたい場所までの道順をチェックしたこと、あるだろ?」

数馬はうなずく。

「スマホの位置情報アプリとか、クルマについてるカーナビとか、あぁいうのはすべて〝GPS〟を利用したサービスなんだ」

「GPS？」

「GPSは〝グローバル・ポジショニング・システム〟の略だ。いま、地球のまわりにはたくさんのGPS衛星が飛んでいる。そのうちの最低でも四基、通常は五基を使って、地球規模の位置情報を提供するシステムだ。このGPS衛星から送られてくる情報があるからこそ、リアルタイムで、自分の現在地や行きたい場所までの経路をスマホの地図アプリに表示することができるんだけど……知ってるか」

「その話、聞いたことある」と数馬が言ったので、宗士郎は話を続ける。

「もし、このまえ説明した『自分から相対的に見て動いている相手の時間は、自分の時間よりも流れる速度が遅くなる』とか、いまの『重力の方向に近づくほど時間の流れは遅くなる』って話を無視したら、位置情報アプリが使えなくなるんだ」

「どうして」

「GPS衛星は秒速4キロの猛スピードで飛んでる。だから、GPS衛星では、地上と比べて、一日に7マイクロ秒だけ、時間の流れが遅くなる」

「実際に、そんなことが起きてるの？」と言って、数馬は店の天井をあおぐ。宗士郎も目には見えないGPS衛星に視線を向ける。

「あぁ、現実の世界の話だ。そして、もう一つ、GPS衛星は高度約2万キロの上空を飛んでるから、地上より重力の影響が少ない。だから、GPS衛星は、地上と比べて、一日に45マイクロ秒だけ時間の流れが速くなる」

「今度は速くなるのか」

「重力で速くなる45マイクロ秒とスピードで遅くなる7マイクロ秒を差し引きして、一日に38マイクロ秒、GPS衛星の時間の流れは地上に比べて速くなる。だから、GPS衛星に搭載する時計の進み具合は、一日に38マイクロ秒だけ地球の時間の流れより遅くなるように前もって調整されているんだ」

「マイクロ秒って、どれくらいの時間？」

「1マイクロ秒は100万分の1秒だよ」

「そんなに小さなズレなら、気にしなくていいんじゃない？」

「光の速さを考えてみろ。秒速約30万キロだぞ？　1マイクロ秒で300メートルも進むのが光だ。もし補正しなかったら、数百メートルの誤差が出ちまう。そんなの使いもんになるか？」

数馬は首を横に振ると、小さな吐息を漏らして、

「俺たちがよく使ってる、あのアプリの役に立ってるなら、『動く速さや重力で時間の流れのスピードが変わる』っていうのは、やっぱり正しいってことだよね」

宗士郎は、あの無邪気な笑みを浮かべて、

「じゃあ、いよいよ、『ふたごの兄弟』の話だ。もし、ロケットに乗ってる兄も、地球に残った弟も、等速直線運動し続けたとすれば、二人の距離はどんどん離れていくだけで、会うことはできないよな」

数馬はうなずく。

「つまり、少なくともどちらか一方は、等速直線運動をやめなきゃいけない。やめちまったら、前提条件が崩れるから、もう『動いている相手の時間の流れが遅くなる』って理論は成り立たなくなる。つまり、おかしなことは起こらないんだ」

宗士郎は、小さな咳《せき》ばらいをしてから、話を続ける。

「あと、こういう説明もある。ふたごの兄が弟に会うために途中で地球に戻ろうとすれば、兄はどこかで必ず方向転換しなきゃならない。曲がると遠心力がかかるだろ？」

「遠心力？」

「クルマに乗ってて、カーブを曲がったら、ぐぐっと外側に引っ張られたり……ほら、ヒットを打って、ファーストベースを蹴って、二塁に向かおうとしても、直角には曲がれずに、大きく外側に引っ張られてふくらみながら……」

数馬は不機嫌そうに視線をそらす。

「……あ、野球、辞めたんだったな」

宗士郎は、申しわけなさそうに言うと、もう一度、小さく咳ばらいした。

「あの遠心力も、重力とか加速とかと同じだから、影響を受けて、兄の時間の流れは遅くなる。だから、二人が再会したら、兄の方が弟より年下で、弟が兄より年下にはならない」

「曲がらないで、逆噴射して止まって、そのまま逆方向に飛んで戻ったら？」

「自転車で急ブレーキかけたら、体が前にぐーんって引っ張られるだろ？ 飛んでるロケットを止めたら、そのときも重力や加速と同じ力がかかるから、やっぱり兄の時間の流れは遅くなる。結局、等速直線運動をやめて戻った方が若くなるんだよ」

数馬は感心した口調で、

「つまり、ふたごが再会しても『兄が弟より年上で、弟は兄より年上』なんてことは起こらないってこと?」

「そういうことだ」

宗士郎は微笑《ほほえ》むと、ナイフとフォークを手にとって、すっかり冷えてしまった平べったい宇宙を切り刻みながら、

「じゃあ、おまえの番だ」

「俺の番?」

「どうして、光速不変の話とか、ふたごの兄弟のパラドクスの話とか、そんなに急いで知る必要があるのか、今度はおまえがおれに説明する番だろ?」

「わかった。話すよ。でも、その前に、あとちょっと、教えてほしいことがある」

宗士郎はパンケーキのかけらを口にほうりこみながら、

「なんだ?」

「セレンとディップって何?」

「『と』はいらない。『セレンディップ』は、スリランカの昔の呼び名だ。『セレンディップの三人の王子』っていう童話があるんだけど、知ってるか」

数馬は首を横に振る。

「昔、セレンディップの王様が、三人の息子を鍛えるために旅に出した。ペルシャを旅してるとき、ある男が三人に『ラクダがいなくなって困っているが、見なかったか』と尋ねた。三人は、見てもいないのに『そのラクダは片方の目が見えない』『歯が一本抜けている』『足を一本引きずっている』『背負った荷物はバターとハチミツ』と答えた。すべて当たっていたので、男は『これほど詳しく知ってるってことは、こいつらが盗んだにちがいない』と皇帝に訴えて、三人はつかまって死刑を宣告されちまったんだ」

「その三人がラクダを盗んだの？」

「いや、濡《ぬ》れ衣《ぎぬ》だ。実際、しばらくしてラクダはみつかって、疑いは晴れた」

「じゃあ、なんで三人は、ラクダのこと、詳しく話せたの？」

「皇帝も不思議に思って『なぜ、見てもいないラクダのようすがわかったのか』と尋ねた。三人は、こう答えた。『道の左側の草だけ食べられていたのは、右目が見えないからだと思った』『草の嚙《か》まれたあとで、歯が一本ないのがわかった』『ひきずったあとが残っていたから、足が悪いと知った』『道の片方にアリが行列して、もう片方にはハエが飛び交っていたから、背中にバターとハチミツをのせていると考えた』って」

「すごい推理力」

「感心した皇帝は、三人をそばに置いて、いろんな問題を解決させた。しばらくして、三人の王子はセレンディップに戻って、それぞれ別の国の王となって、幸せに暮らしましたとさ……っていうのが、だいたいのあらすじだ」

宗士郎は、黄色い宇宙のかけらを口に運ぶ。

「その話、科学とどういう関係があるの？」

「三人は偶然、ラクダをなくした男に出会った。優れた洞察力で物事の本質を導き出して、最終的には、ペルシャの皇帝にとりたててもらって、故郷の国で王になる幸運をつかんだ。だから、このセレンディップからつくられた『セレンディピティ』っていう言葉は、偶然と洞察力の鋭さで予期しなかった幸運に恵まれる能力を指すようになったんだ。マイケルソンが『光速不変の原理』につながる実験でノーベル賞をもらったのもそう。別の目的で行った実験が失敗して、その実験結果から、偶然、予想もしなかった素晴らしい発見がなされたケースを表現する言葉なんだ」

「失敗したから大発見できてラッキーってこと？」

「ただ『運が良かった』っていうだけじゃ、だめだ。大切なのは、失敗から可能性やヒントを見つけ出せるかどうか。科学の世界では、セレンディピティがなければ生まれなかった世紀の大発見は、数え切れないくらいある」

「たとえば？」

「ニトログリセリンを運ぶ途中、容器が壊れて漏れたのに、まわりの珪藻土《けいそうど》がうまく吸収して爆発しなかったことに気づいて、ダイナマイトを発明したアルフレッド・ノーベル。電磁管の検査でポケットのなかのキャンディが溶けたことを知り、電子レンジのもとになる考えに気づいたパーシー・スペンサー。ほかにもペニシリンとか、麻酔とか、いろんなものが、セレンディピティによって発見されてる。どうだ、納得できたか」

　そう言って、また一つ、ほおばる。

「じゃあ、シュレ……シュレなんとかの猫は？」

「シュレなんとか……あぁ、シュレディンガーの猫か」

「それって、どんな猫なの？」

「どんなっていわれても、わからん。思考実験に出てくる架空の猫だからな」

「思考実験の猫なの？」

「そう。でも、この話は、ざっと説明するだけでもかなり時間がかかるし、前もって必要な予備知識もハンパじゃないから、さすがのおれでも……」

「きちんとした説明は、また今度、図書館かなんかに行って自分で調べる。ざっくりでいいから、だいたい、こんな感じの意味だっていうのを教えて」

「ざっくりって言われても……」

「じゃあ、もし、『おまえはシュレディンガーの猫みたいなやつだな』って言われたら、それって、どういう意味だと思う?」

「そんなこと言われたのか」

「言われてないよ。たとえばの話」

「そうだな。もし、そう言われたら、たぶん『おまえは半分生きてて、半分死んでるようなやつだな』ってことじゃないかな」

「半分生きてて、半分死んでる……ゾンビってこと?」

「いや、そうじゃない。ゾンビは100%死んでて、生きてるみたいに動くだけ。シュレディンガーの猫は、半分の確率で生きてて、あと半分の確率で死んでるって話なんだけど……やっぱり量子論の説明をきちんとしてからじゃないと無理だな」

「半分生きてて半分死んでる猫なんでしょ? それでいいよ。あとで調べとくから」

「そうしてくれ。ほかにも、まだ聞きたいことはあるか」

そう言って、宗士郎は皿の上にいくつか残っているパンケーキの残骸の品定めを始める。

「あるよ。離婚するの？」

「あぁ……リコンか……えっ、離婚⁉」

宗士郎はギョッとして数馬を見た。

「父さんから一時的に日本に帰るってラインが届いたときは、離婚話で日本に戻ってくるのかと思ったよ」

「なんでそんなふうに思うんだ？　一昨日も言ったろ？　こっちに戻ってきたのは、日本の学会に参加するためだって」

「でも、母さんには聞かれたよ」

「何を」

「父さんと母さんが離婚したら、どっちについてくるって」

「マジか」

「マジだよ」

「いつ聞かれたんだ」

「肩壊して、一か月くらい経ったときだから、去年の夏の終わり頃かな」

「そんな話、おれは聞いてないぞ」

「あんときくらいから、父さんと母さん、まともに話してないだろ」

「それは、いくらこっちから連絡しても、蓉子がスカイプしてくれなくなったし、電話してもラインしても、まったく返事をくれなくなったから、元気で暮らしてるかどうか、時々、ラインで、おまえに確かめるしかなかったし……」

「父さんには伝えなかったけど、ほんとは、今年になってから、俺も父さんとは連絡を取り合ってないことになってるんだ」

「なんで？」

「母さんに止められたからだよ。家族より仕事を優先するような、あんな薄情な父親のことは忘れて、これからは二人で生きていきましょうって」

宗士郎は驚いた表情のまま、しばらく数馬を見つめたあと、視線を残り少ないパンケーキの残骸に落とした。

「そうか……あいつ、そんなこと、考えてたのか。まさか、そこまで追いつめちまってたなんて……仕事に夢中になりすぎて、そんなことにも気づいてやれなかったのか」

宗士郎はフォークを置くと、顔を上げ、焦点の定まらない目を天井に向ける。

いたたまれなくなって、数馬は目の前のコーラに視線を落とす。

しばらくして、宗士郎が口を開いた。

「おまえと蓉子に会って、二人に直接、話そうと思ってたんだけど、そこまで怒ってるのなら、まずはおまえに話して、蓉子がおれに会ってくれるように説得してもらわないと、いきなり呼び出すのは無理かもしれないな」

「いきなり会ったりしたら修羅場だよ」と言いながら、数馬が目を上げると、宗士郎が真剣な表情でこちらを見つめていた。

まさか父さんも離婚する気なのか、という不安を悟られないよう、数馬はぶっきら棒な口調で尋ねた。

「で、先に俺に、なんの話がしたいの？」

「おまえ、ＫＡＧＲＡって、知ってるか」

「カグラ？」

「そう」

「カグラ……あぁ、テレビのニュースで見たことあるよ。祭りのとき、巫女《みこ》さんとか、お面に派手な衣装を着た男たちが、神社で歌ったり、踊ったり……」

「それは『御神楽《おかぐら》』だろ。そうか、知らないか」

数馬は宗士郎の落胆したようすにむっとする。

「カグラって何だよ」

「説明するよ。でも、話は長くなるから、その前に、ちょっとトイレ」

宗士郎は席を立ち、店の奥へと歩き出す。

手持ちぶさたの数馬は、窓の向こうの薄暗い通りを左から右へ、右から左へと過ぎゆくひとたちを眺めながら、宗士郎に教えてもらった話を思い返してみる。

時間の流れが動く速さによって変わったり、空間が重力によって歪んだり、知れば知るほど、世界は〝絶対に変えられないもの〟ではなさそうだ。

追想に集中していた数馬は、ガラス窓に切り取られた闇の真ん中に立ち、こちらをみつめている人影に気づくのが遅れた。

蓉子だ。

数馬は思わず顔をふせ、目だけで洗面所の方を確かめる。

宗士郎は出てこない。

窓へと視線を戻すと、蓉子の姿はなかった。

彼女は入り口から数馬の方へと歩いてくる。

「なにしてるの？」

「いや、今日、遅くなるって言ってたから、友達と、ここで話してた」

「予定より早く帰れたの。いっしょにいたのって、拓也《たくや》くん？　それとも伸一《しんいち》くん？」

返答に困った。いつも三人でつるんでいるのに、どちらか一人とこんなところで会っているのは不自然だった。

蓉子は、意地悪な笑みを浮かべる。

「高校生の男子がふたりで、一つのパンケーキを分け合って食べたんだ」

どうやら勘違いしているらしい。

「そのお相手は、もう帰っちゃったの？」

数馬がうなずくと、蓉子はニヤつきながら、

「じゃあ、夕食は、家に帰って、私といっしょに食べてもらえる？」

店を出るとき、こっそりふり返ると、レストルームの半開きの扉から顔だけのぞかせた宗士郎が、申し訳なさそうに小さく手を振った。

書き入れどきでにぎわう焼肉屋、焼き鳥屋、ラーメン屋、居酒屋から、食欲をそそる匂いが漂っている。駅前の繁華街を歩きながら、蓉子がしみじみと語り出す。

「もう高校生か……中二で声変わりしたときもさびしかったけど、最近は前みたいに、学校で何があったとか、放課後に友だちとこんな遊びをしたとか、さっぱり話してくれなくなっちゃったよね」

「わざわざ話すようなこともないから」

「こうやって、ふたりで並んで歩くのだって、ずいぶん久しぶり」

「みんな、そんなもんだよ」

「そっかぁ。私は一人っ子で男の兄弟がいなかったし、小さいころに父さんも亡くしてるから、男の子がどんなふうに大人になっていくのか、まったくわからなくて……」

蓉子は、前を向いたまま、かすかに緊張した口ぶりで尋ねた。

「お父さんに会いたい？」

答えられなかった。

数馬が高校生になってから、蓉子は、たまにこの質問をするようになった。

数馬は蓉子の気持ちを考えて、いつも「いいや」と即答した。けれど、実際に宗士郎に会っているいまは、蓉子を裏切っているうしろめたさがあった。

数馬は答える代わりに、いつも胸の奥につっかえていた思いを話した。

「三年前、父さんは家族みんなでアメリカに行きたがってた。でも、日本の中学で野球を続けたくて、こっちに残るって言い張ったのは俺だし、ほんとは母さんだって父さんについていきたかったはずなのに、俺を日本に一人で置いて行けないからって、こっちに残ってくれたわけだし……」

「それは、もう終わった話」

「でも……母さんは、会いたくないの？」

蓉子はしばらく考えてから、

「会いたいとか、会いたくないとかじゃなくて、もう会わない方がいいんじゃないかって、そう思ってる」

「会わない方がいい？」

「あのひとがいなくなるのは、すごくさびしかったけど、数馬は必死に野球に打ちこんでたから、また家族三人で暮らせる日まで、なんとか、がんばろうって決めた。でも、数馬がケガをして、野球ができなくなったとき、もう、私ひとりで支える自信がなかったから、あのひとにお願いしたの。『数馬がすごく落ちこんでるから、日本に戻ってきて、なぐさめてあげて』って。きっと、『いいよ、すぐ帰る』って言ってくれると思ってた。なのに、あのひとの答えはちがった。『いまは帰れない』って」

蓉子は立ち止まり、何も見ていない視線を前にむけ、抑揚のない口調で続ける。

「びっくりした……っていうか、信じられなかった。『私たち家族にとって、こんなにたいへんなことが起きたのに、ほんの少しの間だけでも帰れないの？』って聞いたら、『まだ、こっちでしなくちゃいけない仕事が終わってないから』って」

「それは……」と言いかけた数馬の言葉を蓉子がさえぎった。

「たとえ、それがどんなに大事な仕事だとしても、父親なんだから、息子のことを一番に考えるべきよ。あのとき、数馬も帰ってきてほしかったでしょ？」

「俺は……」

数馬は言いよどんでしまった。

「そっか。男の子だもんね。本当はそう思っていても、自分の口から『帰ってきて』なんて言えなかったよね」

その言葉で、数馬は初めて気づいた。

「日本に戻る」と言ったとき、数馬が「父さんの夢が叶うまでは絶対に帰ってこないでくれ」と必死に頼んだことを、宗士郎は蓉子に話さなかったのだ。

「いや、そうじゃなくて……」

離婚まで考えるほど蓉子を追いつめたのは、帰ってこようとしていた宗士郎を自分が無理やり止めたせいだった。

いま、この場で告白するか、宗士郎になぜ言わなかったのか確認してからにするか、迷っていると、ポケットのなかでラインの着信音が鳴った。

スマホをポケットから取り出して、アイコンを確かめると、シュレからだった。

「さっきまでいっしょにいたひと？」という問いかけに目を上げると、数馬を見つめる蓉子の視線とぶつかる。

「えっ……いや、まあ……」

「そっか。いまの数馬は、そんなにさびしくないか」

蓉子は笑っていた。

けれど、数馬には、まるで泣き顔のように見えた。

四日目　殻だけの卵と１００年の宿題

石畳の道を校舎の東の端まで歩き、薄暗い昇降口の奥にかけられた時計を見る。

朝九時を回ったところだ。

昨日の夜は、よく眠れなかった。蓉子《ようこ》と遅い夕食をとったあと、自分の部屋に戻って、渡《わた》井《い》からのラインを読んだ。

〈明日朝十時、実験教室に来て〉

メッセージは、それだけだった。ドキドキして、しばらく寝つけなかった。おかげで、自分が「帰ってこないでくれ」と頼んだことをなぜ蓉子に言わなかったのか、宗士郎《そうしろう》にラインで尋ねるのを忘れてしまった。

寝不足なのに、緊張からか、今朝は早くに目覚めた。することもないので、約束より一時間も早く学校に着いた。

サッカー部も野球部も練習が休みらしく、グラウンドには誰もいない。昇降口の脇の花壇に真紅と青紫のサルビアが咲いている。

燃えるような赤が渡井で、醒《さ》めるような紫がシュレ――そんな気がした。

数馬《かずま》は視線を上げる。花壇から4メートルほど上の窓は相当高く感じられる。でも、昨日、渡井はあそこから飛ぼうとした。

花壇に歩み寄り、しゃがんで、地面を指先で押してみる。指がずぶずぶとめりこむ。ある程度はクッションになるかもしれないが、あんなに高い窓から飛び降りたら、どんなにうまく着地しても、さすがに、ただではすみそうになかった。

もう一度、窓を見上げてから、立ち上がり、花壇の脇を通って、昇降口に入る。奥の階段を上り、踊り場で折り返し、二階まで上がり、すぐ脇の実験教室の扉の前に立つ。

先に来て待ってるかもしれない。

引き戸に手をかけたが、びくともしない。吐息をもらし、立ち去ろうとしたとき、扉の向こうでギィッとイスの軋《きし》む音がした。

数馬は笑顔になり、ノックしようとしたが、そのまま動けなくなる。

「どうして、鈴木《すずき》数馬なんですか」

オッカムの声だ。

「大きな声を出さないで」

とがめた声は、ナンシーだった。

「今日、どこも部活は休みだから、こんな時間にまだ誰も……」

オッカムが声のトーンを下げたので、最後の方はよく聞き取れなかった。

数馬は左を見る。校舎の西の端まで続く廊下に人影はない。今度は右の階段を見る。もし誰か東の昇降口から上ってきたとしても、足音か気配でわかるだろう。

数馬は慎重に顔を扉に寄せた。

「なぜ、石神《いしがみ》先生は、あんなバカを選んだんですか」

扉のすぐ近くまで耳を寄せると、ナンシーの言葉がはっきりと聞こえた。

「鈴木くんがバカだから」

「えっ」

盗み聞きしている数馬もオッカムと同時に声をもらしそうになったが、すんでのところでこらえた。

「石神先生は、テストに合格できないってわかってるからこそ、鈴木くんを選んだの」

「どういう意味ですか」

「石神先生は、もう、この部をおしまいにしたいのよ」

「どうして？」

「石神先生が三十年前にこの部をつくったのは、ある生徒との出会いがきっかけなの」

「その話、うわさで聞いたことあります」

「まだ若かった石神先生は、その子のセンスにほれこんで、ほかにも何人か科学が好きな生徒を集めて、この『科学部』をつくった」

「その話と、廃部にすることと、関係あるんですか」

「あるの。最初の数年はよかったけど、科学に真剣に取り組む生徒はどんどん減って、いつか、練習のきつい運動部とか、課題の多い文化部がいやで、そんなクラブを避けるために入ってくる幽霊部員ばかりになったんだって」

拓也《たくや》みたいなやつらってことだな、と数馬は思った。

「それで、十年くらい前から入部テストを始めて、本当に科学に興味を持っている生徒だけ、入れるようにしたの。でも、ここ数年、テストのハードルをどんなに下げても、まともな入部希望者が集まらなくなったらしいの」

「今年の二年生は三人いますよ」

「渡井さんはべつとして、山田《やまだ》さんと近衛《このえ》さんはオマケよ」

「おまけ？」

「不知火《しらぬい》くんがいるあいだ、石神先生は科学部を存続させたかったの。でも、来年、きみは卒業するから、もう新入部員を入れる気なんてないの」

ナンシーは噛《か》みしめるような口調で、

「まるで殻だけしか残っていない卵のような気分だ――石神先生は〝彼〟の言葉を引用して、自分も同じ心境だって言ってた」

「彼？」

「きみの後ろ」

「あぁ、〝彼〟の言葉ですか」

「石神先生はいまの心境として、〝彼〟のこんな言葉も引用してた。私は孤独に暮らしている。孤独は、若いときにはつらいが、老熟すると甘美になる――って」

「合格者を出さないつもりだからって、バカなやつならほかにもいるのに、よりにもよって、なんで、あいつを選んだんですか」

「同じことを尋ねたから」

「同じこと？」

「石神先生は、この学校に赴任してからずっと、最初の授業で『猟師と猿』の話をしてきたの」

「あの話、好きです」

「大半の生徒はよく理解できないのに、きみは『弾も落ちながら放物線を描いて飛んで来るから、猿は助からない』って」

「有名な話だし、科学が好きなら、常識ですよ」

「ここ十年で正しく答えたのは不知火君だけだって、石神先生が言ってた。でも、科学部をつくるきっかけになった生徒の意見っていうか、質問は別格だった。そして、鈴木くんも、その生徒と同じことを尋ねたらしいの」

「どんな質問？」

「どうして、猿も、弾も、落ちるんですかって」

「そんなの、重力があるからですよ」

「石神先生もそう答えた。そしたら、その生徒と鈴木くんは、こう尋ねたの——重力は、どうして猿と弾を落とせるんですか」

「どうして？」

「重力はどうやって猿や弾を地面の方に引っ張ってるんですかって。あの実験をみて、そんなことを尋ねたのは、この三十年で、その生徒と鈴木くんの二人だけだって」

「鈴木はバカだから、そんな当たり前のことすら……」

「当たり前かしら」

「え?」

「去年の春、この学校に赴任したとき、私が科学部の副顧問を引き受けたのは、ほかの部の副顧問よりはラクそうだったからなの。それまで科学になんか全然、興味なかった。だから、去年の夏に石神先生がこの実験教室にあなたたち四人を集めて、特別講義してくれるまで、相対性理論っていう言葉も知らなかった。覚えてる?」

「あのときは、まず石神先生が特殊相対性理論を解説して、そのあと、僕が一般相対性理論の説明をするように言われました」

「きみの説明には、難しい数式とか複雑な図形とか、いっぱい出てきたから、ちゃんと理解できたわけじゃないんだけど、たしか、モノが落ちる理由は、空間が重力に歪められて、その歪みに引っ張られるように……」

「あっ」

「気づいた？」

「でも、鈴木は一般相対性理論なんて知らないで、偶然、そんな質問を……」

「どんなに当たり前のように思われていたことでも、疑問を感じたら、その本質を検証し直すことが、科学にとって最も大切なセンスの一つだって、石神先生は言ってた」

「あいつの方が僕より優れてるって言うんですか」

「そうじゃなくて、鈴木くんも磨けば光るかもって話」

「そんな話がしたくて、僕をここに呼んだんですか」

「いいえ、鈴木くんの話は、きみが始めたから」

「じゃあ、僕になんの話があるんですか」

「きみと私の話よ」

「ふたりの……」

「どんなに想ってくれても、私はきみの気持ちに応えられないの」

しばらく沈黙が続いた。数馬は音を立てないように注意しながら、扉に耳をつける。

「気づいてないと思った？　きみが私を好きってことは、山田さんや近衛さんも、とっくにわかってたと思う」

「あいつらが……まさか……」

「二人だけじゃない。きみのことが好きな渡井さんも」

不知火は何も言わない。数馬はさらに強く扉に耳を押しつける。

「気づいてなかったの？　まあ、しょうがないかもね。渡井さんって、自分の気持ちを隠すのが上手だから……あの子がきみのことを好きだってことは、山田さんや近衛さんでさえ、気づいてないみたいだし」

「彼女が僕を好きだとしても、そんなの関係ない」

「私は先生で、きみは生徒なの。どうしようもないの。それに、渡井さんに恨まれるのもいやだし」

「そんなことさせない。あなたが気にするなら、僕が直接、シュレに会って、僕のことをキッパリあきらめさせてもいい」

「やめてよ。それって、ひどくない？」

「意味もなく期待させたままにするより、僕はおまえを好きになれないって、はっきり言ってやった方が、あいつも、これからの時間をムダにしなくてすむ」

怒りで熱くなった頬を扉から離したとき、ふと、かすかな音に気づいた。

かなり遠くから、チャリチャリと金属の触れ合う音が近づいている。

数馬は足音を忍ばせて廊下の窓に寄り、石畳を見おろす。

渡井が、手に持った鍵の束を鳴らしながら、花壇に沿って昇降口に向かって来る。

最悪のタイミングだ。

いま実験教室に来たら、オッカムが何を言い出すか、わかったものではない。

声をかけて足止めしようかとも思ったが、教室の二人にも気づかれ、盗み聞きしていたことがばれてしまう。

渡井は、窓の下の花壇を回り込み、昇降口に入る。目で追おうとした数馬が身を乗り出したとき、肩に触れた窓がガタッと音を立てた。

「誰だ?」

実験教室からオッカムの声が響く。

数馬は慌てて廊下を見渡す。となりの教室の引き戸は閉まっていたので、音を立てずには逃げ込めそうにない。渡井が階段を上ってくるのも時間の問題だ。

実験教室の扉の鍵がギッと軋む。オッカムが開けようとしているのだろう。

数馬は両腕に力をこめてジャンプすると、昨日の渡井と同じように窓枠に立つ。

ガチャガチャと扉の鍵を内側から開ける音がする。

迷っているひまはない。

数馬は、はるか下に咲き乱れる真紅と青紫のサルビアを見つめる。

「飛べ！」と心のなかで叫び、窓枠から手を離して、前にのめった。

ふわっと体が軽くなり――重力がなくなったみたいだ――そう思った瞬間、体重が何倍にもなってドスンと全身を打つ。花壇のやわらかな土でバウンドして、あお向けに倒れた。まぶたの裏に星がまたたき、体の芯からしびれが広がっていく。

「鈴木くん」と呼ばれて目を開ける。

渡井が心配そうにのぞきこんでいる。

「だいじょうぶ？」

サルビアの香りと甘い息の匂い。

「いや……あんまり空がきれいで見とれてたら、花壇につまずいて、転んじゃった」

起きあがろうとしたが、体は動かない。

「気をつけてよ」と言って渡井が上体を起こすと、視界が広がり、二階の窓から見下ろすナンシーとオッカムが見えた。

目が合うと、二人は慌てて首を引っこめる。

あとには、人影のない窓と、はるか遠い空が残った。


「この匂い、たまんねぇよな」

拓也は、鼻をひくひくさせた。

「病院の匂いが好きなのか」

数馬は、包帯で膝までぐるぐる巻きにされた左足をかばいながら、ベッドの上で上体を起こす。

「病院？　そんな辛気くせぇもんじゃねぇ。これはナース様の匂いだ」と言いながら、拓也は、数馬の足もとのベッドと壁のスペースを通って、病室の窓辺に歩み寄る。

「しかも、こんなクーラーの効いた個室で、白衣の天使に、あんなこととか、こんなこととか、いろいろお世話してもらってるんだろ？　うらやましい」

「たまたま個室しか空いてなかっただけだよ。それに、折れたわけじゃないから、大事をと

って、一晩だけの入院って話だから」と数馬は弁解がましく言った。

拓也は窓枠に手をかけ、開けようとしたが動かない。舌打ちして、ガラス越しに下を見ながら「四階ってけっこう高いな。下は駐車場か」とつぶやくと、窓にもたれ、呆《あき》れたような口調で「いくらよそ見してたからって、花壇につまずいて、足くじいたりするか？　しかも、救急車で運ばれちまうなんて、恥ずかしすぎるだろ」

病院の見舞いに派手なアロハシャツと短パン姿で来るおまえの方がよっぽど恥ずかしいだろ、と数馬は思ったが、口には出さない。

「お花たち、めちゃくちゃだった」

扉の近くに立つ迷彩柄のシャツを着た伸一《しんいち》が、悲しそうにこぼす。

「花より花火だ。おまえ、今夜の花火パーティ、どうすんだよ」

拓也は持ってきた花火の束を掲げて「女子との楽しい思い出なんてつくれそうにないから、せめて花火でもして憂さ晴らししようぜって、約束したろ」

「おまえらだけで、やってくれ」

「オレと伸一のふたりで『線香花火、きれいだね』なんて、やってられるか」

「俺がいたって、大して変わらないだろ」

「二人と三人じゃ、盛り上がり方が全然ちげぇんだよ」

「ごめん」

数馬が素直に謝ると、拓也は表情をゆるめる。

「しゃーないな。ま、おまえが入院してくれたおかげで、ちょっとしたお楽しみができたから、許してやる。じゃあ、ちょっくら、行ってくるわ」

「どこに？」

拓也は数馬の足もとを回りこみながら「ナースセンターに決まってっだろ。花火ができないなら、せめてセクシーな白衣のお姉様方とお話しして、ひと夏の思い出にするんだよ。ほら、伸一、行こうぜ」

「恥ずかしいから、よせよ」

「ひがむな。ちゃんとあとで報告してやっから」

拓也は、気の進まなそうな伸一を連れて、病室を出た。

しばらく窓の外に広がる群青色の空を眺めたあと、ベッドに横たわろうとしたとき、病室の入り口に人の気配を感じた。

「なんだよ、忘れ物か」

ふり返ると、ディップとセレンが立っていた。

ディップはくんくんと鼻を鳴らしてから「ここもアルデヒド」とつぶやく。

「あるでひど？」

「消毒液ですわ」とセレンが答える。

私服の二人は、白衣のときの印象をさらに濃くしている。

ディップは、胸もとの開いた長袖ニット、革のミニスカート、網タイツ、ロングブーツという格好で、全身黒だ。どこもかしこもムチムチしているので、セクシーというより、ウケを狙ったコスプレに見える。ゴージャスなピンクのドレス姿のセレンは巨大なフランス人形のようで、どちらも、かなり場違いな格好だ。

ディップは、病室のなかを舐《な》めるように見回しながら「シュレに聞いたよ。あんた、花壇で転んで、足折っちゃったんだって」

「折れてません。足首の捻挫がひどくて、歩けないだけです」

「ほら、お見舞い」

ディップはポシェットから、あのイケメン神経衰弱に使っていたカードを出した。

「あんた、これ、ほしそうだったから、つくってきてあげた」

「いや、ほしかったっていうか……」

「遠慮しなくていいよ。入院中、どうせヒマなんでしょ」

「入院っていっても、明日には退院しますから」

「むりしなくていいよ。明後日《あさって》のテストのことなら、もうあきらめたから」

「え？」

「そのことを今朝、シュレからあんたに伝えるはずだったんだけど、その話をする前に、こんなことになっちゃったから……」

ディップはベッドの脇の丸イスに腰掛けると、ムッチリした足を組む。ひし形だったはずのタイツの網目が、伸びて亀の子型にひしゃげていた。

「もともと、あんたには関係のないことだったのに、いままでよくがんばってくれた。もう、それでじゅうぶんだよ」

「でも、先輩たちにとっては大事なクラブだって、シュレさんが……」

「たしかに、あそこくらい居心地のいい場所はないけど、しょうがない。オッカム先輩の言い草じゃないけど、いつまでもセレンディピティに期待して、偶然の幸運が舞いこむのを待ってるわけにもいかないから」

「それに、セレンディピティは、カゴのなかに閉じこもって何も行動しなければ、訪れてくれませんから」と言って、セレンは数馬に微笑《ほほえ》みかけた。

しばらく、居心地の悪い沈黙が流れる。

「あのぉ」と数馬が口を開く。

「なんだい」とディップが答える。

「教えてもらいたいことがあるんです」

「いいよ」

「なんとかの悪魔って、あれ、なんですか」

「なんとかの悪魔？」

「ほら、昨日《きのう》、実験教室でオッカム先輩が言ってた、プラップラの悪魔だったか、なんだかっていう……」

「あぁ、『ラプラスの悪魔』ね」

「そう。それって、どんな悪魔なんですか」

「どんなっていうか……まあ、たとえ話みたいなもんだよ」

「たとえ話？」

「未来はすでに現在の状態で決まっているっていう『決定論』の概念を議論するときに出てくる超越的存在だって、いつか、シュレが教えてくれた」

数馬はぽかんとしている。

「あたしもよくわかってないんだけど、シュレが言うには、すべての宇宙のすべての力学的な状態を知ることができれば、その悪魔には未来がすべてわかるはずなんだって」

数馬は、わずかに首をひねる。ディップは面倒くさそうに、

「おおざっぱに言えば、宇宙の変化が物理的に計算できるってことは、いまの時点でどうなっていくかが決まってるってことで、人間にはその運命を変えることなんてできないっていう話。その超越的存在のことを『悪魔』にたとえて、その理論を言い出したフランスの学者の名前をとって『ラプラスの悪魔』って呼ばれてるんだけど……あとは自分で調べな」

「じゃあ、プルプルなんとかのシンダイっていうのは？」

「プルプル？」

「そこに乗っけて、頭とか足とか、切り落として拷問するっていう……」

「それ、『プロクルステスの寝台』のことかしら」とセレンが尋ねる。

「そう、それ」

「寝台っていうのは寝床、つまり、ベッドですわ。ギリシア神話に出てくるお話。プロクルステスは残忍な盗賊の親分で、通りがかった人に『休んで行け』って声をかけて、隠れ家に連れてって、ベッドに寝かせますの。でも、実は、プロクルステスは声をかける前に遠くから旅人を観察していて、前もって、背が高ければベッドを小さく、背が低ければベッドを大きくしていたんですの」

「なんで、そんなこと、したんです?」

「背の高い旅人が寝たら、小さいベッドのサイズに合うように、頭と足を切り落とすためですわ」

「背が低かったら?」と数馬が尋ねる。

「背の低い旅人が寝たら、大きいベッドのサイズに合うように、体を引っ張って伸ばす拷問にかけたんですって」

「エグ」と数馬は顔をしかめる。

「結局、テセウスっていう勇者に退治されてしまうんですけど、この話になぞらえて、科学の世界では、実験データの数値を自分の都合で増やしたり減らしたりして望ましい結果に合わせるような不正行為や違反行為をたとえるときに使われる言葉ですわ」

「簡単に言えば……」とディップが割って入る。「あんとき、オッカム先輩は、あんたのこと、思いっきりバカにしたんだよ」

数馬が怒りの言葉を発しようとしたとき、廊下の方から「ふざけんなよ！」という拓也の声が聞こえた。

「なにが〝白衣の天使〟だ。ペチャパイばっかじゃやねぇか」

後ろの伸一に吐き捨てながら病室に入ると、ディップとセレンに気づいて、あっ、と声をあげる。ディップをみつめたまま、拓也は固まってしまった。

誰も何も言わないので、数馬が口を開く。

「うちの学校の二年生で、科学部のひとたちだ」

ディップは小さくうなずき、セレンは優しく微笑む。

「こいつら、陸上部の友達です」という数馬の言葉でスイッチが押されたみたいに、拓也はディップに歩み寄ると、気取った口調で、

「陸上部で砲丸投げやらせてもらってます。一年の飯塚《いいづか》拓也です」

拓也はズボンで何度も拭いてから、真っ黒に日焼けした手を差し出す。

「科学部の山田結子《ゆうこ》よ」

ディップが差し出した手を拓也はとろんとした目でみつめていたが、やがてゴツゴツした指でそっと握って、そのまま動かなくなる。

「あの、こちらのすてきな柄のシャツの方は？」

拓也と同じように、なぜかうっとりと伸一をみつめながら、セレンが尋ねる。

拓也は、ディップの手をにぎったまま、

「陸上部で高跳びやってる一年の西木《にしき》です」

セレンは「ニシキ」と甘い声で復唱すると、居心地悪そうな伸一に歩み寄り、

「科学部の近衛櫻子《さくらこ》です。ニシキさんの下のお名前は？」

伸一が黙っていると、拓也が代わりに答えた。

「伸一です」

セレンの冷たく整った顔に、明るい笑みが広がる。

「すてきなお名前。それでは、シンちゃんと呼ばせていただきますわ」

セレンは、だらりと下げていた伸一の手を取って、両手で包むように握手した。

ひんやり……とつぶやいて、セレンは恍惚《こうこつ》の表情を浮かべる。

手を取り合ったままの四人が紡ぐ沈黙にいたたまれなくなった数馬が、何か言おうとした

とき、入り口で声がした。

「入ってもいい？」

渡井だった。ディップは拓也の手を乱暴にふりほどくと「ここに五人じゃ多すぎる。用件はすんだから、うちらは、おいとまするわ」

拓也が間髪容《い》れずに「オレたちも、いま帰るところだったんです」

セレンも「そうですわね。おじゃましちゃいけないですから……ご一緒しません？」と伸一に問いかける。

拓也は「そういうことっすか」と数馬に意味ありげな視線を送る。

「いや、べつに」と数馬は言い返したが、拓也は「いいから、いいから。さ、行きましょう！」と、ディップ、セレン、伸一を病室の外へ押し出しながら、くちびるの動きだけで〈がんばれよ〉と数馬にメッセージを送り、立ち去った。

気まずい沈黙が流れる。

渡井は病室を見回す。数馬はベッドのシワをのばしたり、包帯の巻かれた左足の位置を微妙に動かしたりしていた。

空調と衣擦《きぬず》れの音だけが響いている。

しばらくして、渡井は数馬を見下ろし、意を決したように口を開く。

「つまずいたなんて、うそでしょ」

「え……」

「ほんとうは、実験教室の前の廊下の窓から飛んだんでしょ」

「なんで、そう思うの？」

「あのとき、窓から不知火先輩と椎谷《しいたに》先生がのぞいてた。もしかしたら……」

しばらく迷っていた渡井が続きの言葉を話そうとしたとき、ラインの着信音が鳴る。渡井はカバンからスマホを取り出し、画面を確認すると、カバンにスマホを戻し、代わりにメガネを取り出す。

渡井はメガネをかけ、ポニーテールをほどきながら窓辺に歩み寄る。

「ディップがラインをくれた。窓から下を見るようにって」

数馬は窓枠に腕を伸ばし、両手で体重を支えながら右足だけで立ち上がり、シュレになった渡井の左側に並ぶ。

ストロンチウム……とつぶやいたシュレの視線をたどると、四階下の駐車場の暗がりで、拓也がディップに真紅の花火を手渡していた。

「きれいだね」とシュレがつぶやく。

拓也が新しい花火に火をつけ、セレンに手渡す。鮮やかな黄色の火花だ。

ナトリウム……とシュレがつぶやく。ふしぎそうに見つめる数馬に気づくと、

「花火は金属の炎色反応を利用して色づけされるの。ほら、あれは銅の化合物。『花緑青《はなろくしょう》』と呼ばれる金属の炎色反応」

伸一が伸ばした手の先から、青い火花がはらはらと散り舞う。

「光って、ふしぎ……」

窓ガラスに映った半透明のシュレがつぶやく。

「〝見える〟ことと〝ある〟ことって、同じだと思わない？」

どう答えていいのかわからず、黙っていると、透き通るシュレが顔を上げ、瞳をこちらに向ける。

「だから、どんなにがんばっても〝見えない〟ものがあるとしたら、それはもう〝ある〟とは言えないんじゃないかな」

ガラスに映ったシュレと目が合って、数馬はまばたきすらできなくなる。

この瞳に映る花火が見てみたい——そう思ったとき、半透明のシュレは少しうつむき、ま

た眼下の光の戯れに視線を移すと、ひとりごとのように語り始める。

「小学校に上がる前に父さんが家を出てからずっと、母さんが食べさせてくれたの」

拓也は片手に金の花火、もう片方に銀の花火を持って、くるくる回り始める。

チタン、アルミニウム……とつぶやいてから、シュレは話を続ける。

「前に住んでた町でも、その前の町でも、いまも同じ。夜の仕事で働いて、働いて……母さんは何を売って、わたしを育ててくれたか、わかる？」

数馬は、金と銀の入り混じる火の輪を眺めながら、

「お酒とか、料理とか……」

「自尊心」とシュレが冷たい声でつぶやく。

「酔いに任せてひどいこと言われたり、わざと下品な話をされても、笑ってこらえなきゃいけない。そうやって、毎晩、毎晩、自尊心を捨てて、みじめな思いをしながら、母さんはわたしを育ててくれた」

セシウム……とつぶやくシュレの視線の先に青紫色の炎が揺れる。

「この町に引っ越してからは、あと片付けとか、洗いものとか、手伝うようになった。お店にいる間は誰にでも愛想よくして、どんなにくだらない話でも真剣に聞いてるふりをした。

メガネはかけなかった。見たくもないものを見なくてすむから」

四人の笑い声は聞こえたが、何を話しているのかまでは聞き取れない。

「母さんに心配かけたくなかったから、学校では優等生のふりをした。誰にも嫌われない、明るくて元気な〝渡井美月《みつき》〟を演じてたら、いつのまにか、自分がほんとはどんな人間で、何が言いたくて、何がしたいのか、すっかりわからなくなってた」

はるか下の闇で、赤と青紫の炎がせめぎあっている。

「実験教室にいる『シュレ』が本物のわたしで、『渡井美月』は見せかけのキャラ……それに気づいてくれたのが、オッカム先輩だった」

シュレは星のない空へと視線を上げる。

「おまえは半分生きてて、半分死んでるから、シュレディンガーの猫だなって。わたしは、どっちが生きてる方ですかって、聞いたの。元気で明るいふだんのわたしが生きてて、暗くて人づきあいの悪い科学部のわたしが死んでるって、そう答えると思ってた。でも、オッカム先輩は、科学部にいるときが生きてる方に決まってるだろって……そのとき、このひとは本当のわたしのことをちゃんと理解してくれてるって……」

「ちがう」という言葉で、シュレの視線が数馬の瞳に吸い寄せられる。

「ちがう?」

「シュレさんが生きてて、渡井先輩が死んでるっていうのは、ちがうと思う」

「逆ってこと? 言ったでしょ。わたしはそう思わない」

「いや、逆とか、そういうんじゃなくて、どっちも死んでないっていうか……」

「どっちも?」

「たしかに、自分の気持ちに素直なシュレさんは生き生きしてる。でも、明るく元気にふるまってる渡井先輩も、お母さんのためにっていう自分の想いに正直に従ってるわけで、そしたら、シュレさんも、渡井先輩も、両方ちゃんと生きてるってことに……」

数馬に向けられたメガネの奥の目は、まばたきもしない。

「だから、シュレさんも、渡井先輩も、どっちも……す……すてきです」

本当は〈好きです〉と言いたかった。

ふしぎそうに数馬をみつめていた黒目がちの瞳が、突然うるみ、やがて、ぽろぽろと涙がこぼれる。

「やだ……どうして……」

シュレは幼い子どものように、肩をふるわせて泣き始めた。

数馬はいまにも壊れてしまいそうな彼女をささえたくて、迷いながらも、ゆっくり、ゆっくり、右腕を上げる。

もう少しで肩に手が届きそうなとき、窓の下が騒がしくなった。

シュレのラインの着信音が鳴り、数馬は慌てて腕を引く。

拓也たちは病院の警備員に駐車場から追い出されようとしていた。

「ディップが『排除されたから、続きは川で。あとからおいで』って」

悪態をつく拓也の声が遠のいて、空調の音だけが病室に残る。

シュレは黙って暗闇をみつめている。

数馬はわずかに体を寄せる。

遠慮がちな咳《せき》ばらいで、ふたりはふり返る。

「お邪魔だったかな」

入り口に立つ宗士郎は、ばつが悪そうに頭をかいた。

「父さん」と数馬が呼びかけると、宗士郎は「数馬の父親です」とシュレに告げる。

シュレも「渡井美月です」と名乗り、丁寧に頭を下げた。

「タイミング、悪かったみたいだな。またあとで出直してくる」

立ち去ろうとする宗士郎を「待ってください」とシュレが呼び止める。

「わたしの方こそ、いま、帰るところでした」

シュレは「お大事に」と数馬に声をかけ、宗士郎に会釈《えしゃく》して病室を出た。

「なんか、悪いことしちまったな」

宗士郎は申し訳なさそうに見舞客用のイスに座る。

数馬もベッドに腰かけながら、

「そんなことより、いいの？」

「何が」

「こんなところに来て、大丈夫？」と尋ねながら、左足を重ねた枕の上に乗せ、位置を調整する。

「あぁ、問題ないよ。母さんが呼んでくれたんだ」

「母さんが？」

「昼過ぎ、何か月かぶりにラインのメッセージが来たから、偶然、いま日本にいるって伝えた。そしたら、すごく驚いてたけど、細かいことはなんにも聞かないで、この病院におまえが入院してるって、教えてくれた」

宗士郎は、包帯でぐるぐる巻きにされた数馬の左足を見ながら「おまえが無茶してくれたおかげで、あいつと連絡が取れたよ」

「許してもらえたの？」

「いや、そういう話はまだしてない。明後日、夜の便でアメリカに発つ前に、空港で夕食をとりながら、今後のことを話し合うことになってる」

「父さん、ひとつ、聞いていい？」

「なんだ」

「どうして、俺が肩を壊したとき、父さんは『日本に戻る』って言ってくれたのに、俺が『絶対に帰ってこないでほしい』って頼んだこと、母さんに言わなかったの？」

「そんなこと言ったら、おれが日本に戻らないのはおまえのせいみたいに思われるかもしれないじゃないか」

「俺のせいだろ」

「いいや。おまえに帰ってくるなと頼まれたことで考えを変えたとしても、結局、日本に戻らないで、アメリカで仕事を続けると決断したのは、おれ自身だ」

宗士郎は、あのひとなつこい笑みを浮かべた。

「それに、ちゃんと話せば、蓉子もきっとわかってくれるよ」

「そっか。明後日、母さんと話すのか」

数馬が期待と不安の混じった口調でつぶやくと、宗士郎は明るい声で尋ねた。

「で、なんでそんなことになっちまったんだ？」

「母さんから聞いただろ。学校の花壇でこけて……」

「そんなことで、不動のエースだったおまえの強靭《きょうじん》な足が壊れるわけないだろ」

宗士郎は真面目な顔でみつめる。数馬はしばらく見返していたが、根負けして、

「校舎の二階の窓から飛び降りた」

「それなら、さすがに捻挫くらいはするだろうな。誰のために飛んだ？」

「誰のためって……そりゃ、自分の……」

「おまえが自分のために、そんなむちゃなこと、するわけないだろ」

「なんで、そんなこと、わかるんだよ」

「わかるに決まってるだろ。生まれてから十二になるまで、ずっとそばで見守ってたんだから」と言ったあと、宗士郎は笑みを消して、

「もしかしたら、さっきの子のためか」

数馬は少し迷ってから、小さくうなずく。

「恋に落ちることは、人間の最も愚かな行為ではないが、重力のせいにすることはできない
――ってな！」

「何それ？」

「おれの憧れのひとの名言だ。で、彼女のために飛ぶはめになった理由は？」

数馬は黙っている。

「言いたくないなら、それはいい。部活、休みだったんだろ？　なんでわざわざ、学校でデートしてたんだ」

「デートじゃない。科学部の入部テストの準備で、実験教室に行っただけ」

「懐かしいな！　あの高校の科学部は、おれと理科の石神先生がつくったんだ」

宗士郎は自慢げに言い、数馬が驚いているようすに満足そうな笑みを浮かべながら、「でも、おれがいた頃は、入部テストなんてなかったぞ」

「父さんが卒業したあとで、幽霊部員がどんどん増えてったから、入部希望者がほんとに科学を好きなのかどうか、試すようになったんだ」

「日本の子どもの科学離れ、相当進んでるらしいな」

「このままだと来年、科学部は部員不足で廃部になる。それで、石神先生が俺を指名して、入部テストを受けることになったんだ」

「科学部の存続の危機を救えるのは、クラブの創設者の息子しかいないってわけか」

「ちがうよ」

「ちがうの？」

「石神先生は、俺が父さんの子だって知らない」

「じゃあ、なんで先生はおまえを」

「テストに受からなさそうだから」

「なんだ、それ」

「石神先生は科学部を終わらせたいんだ」

「どうして」

「どうしてって……父さん、卵の殻みたいな気分っていう言葉、知ってる？」

「卵の殻？」

「あと、孤独は若いとつらいけど、熟したら、なんたらかんたら……」

「私は孤独に暮らしている。孤独は、若いときにはつらいが、老熟すると甘美になる──じやないか？」

「そう、それ」

「だったら、もう一つは――まるで殻だけしか残っていない卵のような気分だ」

「そう、それ。石神先生は、そういう気分になって、もう科学部を続けていく気がなくなったんだって」

「あの石神先生が、そんな心境に」

「その『殻しか残ってない卵』とか『孤独に暮らしてる』って、誰の言葉？」

「興味あるのか」

「ちょっと気になって」

「さっき言ったろ？　恋に落ちるのを重力のせいにはできないって。あの名言もそう。おれのヒーロー、アルバート・アインシュタインの言葉だ！」

「アインシュタインって、アッカンベーしてるぼさぼさ頭の……」

「あの写真が一番知られてるけど、いつも舌を出してるわけじゃない」

宗士郎はスマホを出すと、手早く操作して「ほら、ベロ出してるほかにも、いろんな表情の写真がある」と言って、数馬にパネルを向けたまま、アインシュタインの写真が並ぶ画面を上から下へ次々とスクロールする。

「ちょっと待って！」という数馬の声に反応して、宗士郎が画面の動きを止める。

数馬は三揃《みつぞろ》いのスーツ姿で決めた青年の写真を指差しながら、

「これも？」

「十七のときの写真だ」

てっきり外国のモデルか俳優だと思っていたが、人体模型が被っていたイケメンの顔写真の正体は、高校生の頃のアインシュタインだった。

数馬が関心するようすに満足げな宗士郎は、スマホをいじり、別の画像をみせる。

「ちなみにこれが彼と双璧をなす天才科学者、アイザック・ニュートンの肖像画だ」

宗士郎のおかげで、骨格標本が誰なのかもわかった。

「アインシュタインとニュートンだったのか……二人とも名前はよく聞くけど、アインシュタインって、前からふしぎだった」

「ふしぎ？」

「ニュートンが重力を発見したっていう話は有名だけど、おんなじくらい有名なアインシュタインが、実際に何を発見したのか、知らないもん」

「やっぱり、そうだったのか」

「やっぱりって？」

「アインシュタインが人類史上最高の天才と呼ばれているのは、相対性理論を打ち立てたからだよ」

「ソウタイセイリロン……それって、どうせ難しい理論なんでしょ？」

「あぁ、世間一般では、とっても難解だと思われてる」

「だからそっちは、ニュートンの話ほど有名じゃないのか。そういう難しい理論が理解できる人間って、どんな頭の構造してるんだろ？」

「ここにいるじゃないか」

「父さんは物理学者だから……」

「おれじゃない。おまえだ」

「俺？」

「あぁ、おまえはもう相対性理論を理解してる」

「してないよ」

「この世界に〝絶対〟って言えるものは、あるか」

「えっ……いや、ないんだろ？」

「なんでだ」

「なんでって、時間も空間も、みんな『自分からみたら相手はこうだ』っていうふうに〝相対的〟にしかとらえられないから……もしかしたら、ソウタイセイって？」

「それまでのニュートン力学で信じられてきたように、時間や空間が絶対的なものじゃなく、実は相対的なものだと証明して、世界をがらりと変えたのが、アインシュタインの相対性理論なんだ」

「じゃあ、父さんが俺にいろいろ説明してくれたことが……」

「いまから一一三年前の一九〇五年、スイスの特許庁で審査の仕事をしていた二十六歳の無名の青年だったアインシュタインは、動いている相手の時間の流れが遅くなることを証明する『相対性理論』を発表した。でも、それは、ある条件のときにしか通用しない理論だった」

「ある条件って……」

「そう。一定の速さでまっすぐ動いている物体の間でしか……つまり『等速直線運動』の世界でしか通用しなかったんだ。その『相対性理論』を発表したあとも、アインシュタインは研究を続けて、いまから一〇二年前の一九一六年、今度は重力のある場所でも通用する『相対性理論』を発表した。そのなかで、重力は空間の歪《ゆが》みで、重力が強ければ強いほど時間の流れが遅くなることを証明したわけだ」

「アインシュタインの『相対性理論』って、二つあったのか」

「先に発表された方には『等速直線運動』という特殊な条件が必要だから『特殊相対性理論』、十一年後に発表された方は特殊な条件なしで一般的に通用するから『一般相対性理論』と呼び分けられるようになった」

「先輩たちの言ってた『特殊』とか『一般』って、それか。でも、なんで『時間は相対的なもの』って説明してくれたときに、これはアインシュタインの相対性理論の話だよって、教えてくれなかったの？」

「初めは、当然わかってると思ってたけど、そのうち、相対性理論だとは知らないまま理解しようとしてるんじゃないかって、気づいたんだ」

「気づいたんなら、そんとき教えてくれればよかったのに」

「最初に『これからアインシュタインの相対性理論を説明する』なんて言ったら、さっきみたいに『どうせ難しい話だからわかるはずない』って、決めつけないか」

「そんなこと……」

ない、とは続けられなかった。

「だから、わざとアインシュタインとか相対性理論の名前は出さずに、おまえに考えさせたんだ。実際、余計な先入観がなかったから、素直に想像力を働かせて、特殊相対性理論も、一般相対性理論も、大事なところは、ほとんど理解できたろ？」

「まぁ、そうだけど……相対性理論を理解できたとして、それが何かの役に……」

「言っただろ？」

「あ……スマホの位置情報……」

「そう。GPS衛星が秒速4キロで飛んでるから、地上と比べたら一日に7マイクロ秒遅れるっていうのも、約2万キロの高度を飛んで、重力の影響が少ないから、一日に45マイクロ秒だけ速くなるっていうのも、アインシュタインの相対性理論を使って計算されたものなんだ」

数馬が驚きともあきらめともつかない吐息をもらすと、宗士郎は満足そうに小さくうなずいてから、話を続ける。

「GPS衛星に載せる時計は、ほかにもいろんな調整が施されているんだが、アインシュタインの相対性理論に基づいて計算されたズレの調整が欠かせないのは事実だ。それに、相対性理論の重要性を再認識させるような、すごいことが起きたから……」

「すごいこと?」

「宇宙の姿を変えてしまうような出来事だ。数馬は『アインシュタインの100年の宿題』って、聞いたことあるか」

「アインシュタインの……宿題?」

「二〇一六年……つまり、一昨年《おととし》の二月、その『100年の宿題』が解決したって、大騒ぎになっただろ?」

数馬は黙っている。宗士郎は、悲しげな顔で、

「その功績が認められて、去年の十月にはノーベル賞も受賞したじゃないか」

「あぁ……なんか、そんなニュース、あったね」と数馬はうそをついた。

宗士郎がほっとした表情になると、うそがばれないように、数馬は話を進める。

「その宿題が解決したことと、宇宙の姿を変えることが、関係あるの?」

「ある。しかも、その歴史的な出来事に、父さんも関わることができたんだ」

「父さんも?」

「アメリカに渡って研究してたのは、『アインシュタインの100年の宿題』の解決に役立つプロジェクトの一つなんだ」

宗士郎は言葉を切り、背筋を伸ばして、

「そのプロジェクトが一段落したから、今度はKAGRAのプロジェクトに参加するために、日本に戻ってくるんだ」

「帰ってくるの?」

「あぁ」

「いつ?」

「たぶん、秋にはこっちで仕事が始まる予定だ」

「カグラって、昨日、ファミレスで言ってた?」

「そう、おれの夢を叶えてくれるKAGRAが、いま、日本で建設中なんだ。しばらくは準備プロセスの手伝いだが、完成すれば研究を始められる……どうだ、興味あるか」

数馬は大きくうなずく。宗士郎は顔をくしゃくしゃにして笑った。

「よし、じゃあ、そのプロジェクトがどんなものか、できるだけ簡潔に……」

「ちょっと待って!」

「なんだ」

「それ、説明しなくていいよ」

「そうだな。もうすぐ面会時間も終わるし、おまえも疲れただろうし……」

「そうじゃなくて、自分で調べてみたいんだ」

「自分で？」

「父さんから相対性理論の話を教えてもらってるうちに、だんだん、科学がおもしろくなってきた。父さんの仕事に関係してる『アインシュタインの100年の宿題』がどんなものか、父さんの夢を叶えてくれるカグラってなんなのか、興味があるから、今度は自分で調べて、理解してみたい」

宗士郎は「自分で調べて理解したい」と噛《か》みしめるように復唱した。

「明後日は午後から科学部の入部テストだから、それが終わったら、俺も空港に父さんを見送りに行く。そのとき、調べたことを父さんと母さんに話すよ」

「科学のおもしろさ、ちょっとは感じられたみたいだな」

数馬は笑顔でうなずく。

「だから、今度は俺が父さんと母さんに、自分で調べた『アインシュタインの100年の宿題』の説明を聞かせたい。それと、家族がばらばらなのは絶対にまちがってるって……あっ、〝絶対〟って言っちゃいけないんだっけ」

宗士郎は満足そうな笑みを浮かべて「わかった。ところで、おれからも頼みがある」と言うと、バッグからペンとメモ帳を出し、紙を一枚ちぎって、何か書きつけた。

その紙を数馬に手渡しながら、

「気の利いた便箋《びんせん》があればよかったけど、こんなもんしかないから、伝言をたのむよ」

「伝言？」

「明後日、石神先生に会ったら、ここに書いたことを読んで伝えてくれ」

「俺が？」

「石神先生は大切な恩人だから、おまえにこのメッセージを託したいんだ」

数馬は、小さな声で「わかった」と答えた。

宗士郎は立ち上がり、かがみこむように数馬を抱きしめる。

なつかしい匂いがした。

「大きくなったな」

数馬は宗士郎の体に腕を回し、ぎゅっと力をこめる。

面会時間の終わりを告げるチャイムが静かに流れ始めた。

宗士郎は体を離して、

「じゃあ、明後日のテスト、がんばれよ」

ひとなつこい笑みを浮かべると、軽く手を振り、病室を出た。

数馬は、つい、にやついてしまう自分が照れくさくて、ブランケットをかぶる。

初めは忍び笑いで息を乱していたが、体の震えは次第に大きくなっていく。

やがて、数馬は声をもらして泣き出した。

五日目　紙の匂いとページをめくる音

朝、退院手続きをすませると、松葉杖《まつばづえ》をつき、開いたばかりの図書館に向かった。

入り口の案内図で確かめた「物理学」の棚に行くと、「アインシュタイン」や「相対性理論」の文字が背表紙に書かれた本だけでも数十冊あった。

片っ端から手に取り、一般の読者向けのものを選び、目次を参考にして『アインシュタインの100年の宿題』について書かれた文章はないか、しらみつぶしに調べた。

たくさんの文章にざっと目を通すうち、『100年の宿題』とはどんなもので、その解決に役立つ出来事は何か、見当がついていく。

アメリカで宗士郎《そうしろう》が携わっている研究プロジェクトの内容がわかり始めると、俄然《がぜん》、そのテーマに興味がわいた。同じ分野について書かれた本や雑誌を探し、そこから発展した別の研究課題に出会うと、その謎を解く実験や観測を求めて、また本棚の森をさまよい歩く。あちらこちらで起こるページをめくる乾いた音に、カタン、カタンと数馬《かずま》の松葉杖の足音が混じる。

最新情報は、スマホや図書館の端末を使って収集した。集まった情報を整理して、明日、空港で宗士郎と蓉子《ようこ》に話すときの資料にするため、要点やデータをノートにメモした。これほど真剣に勉強したことはなかった。調べたり学んだりするのが、こんなに楽しいのも初めてだった。

最初の授業で、石神《いしがみ》が「アインシュタインは光に恋したみたいに」とたとえたのも、わかる気がした。紙の匂いに囲まれ、昼食をとるのも忘れて、未知なる世界との出会いにときめき、知的な冒険に熱中した。

大きく背伸びしながら、ふと、壁の時計を見る。午後六時を過ぎていた。

なぜ科学が好きか、いまなら答えられるかもしれない――と数馬は思った。

六日目　重力の波、宇宙の始まり

「……ということで、結局、方向転換した兄は、弟より年が若くなる。つまり『兄は弟より年下で、弟は兄より年下』という矛盾は起こらないわけです」

数馬《かずま》は、包帯の巻かれた左足をかばいながら、黒板の前のイスに腰を下ろす。

「これで、一般相対性理論についての発表を終わります」

内臓を見せびらかす十七歳のアインシュタインも、骨だけのニュートンも、オッカムも、実験教室の後ろから、黙って数馬を見ている。

「あたし、初めて一般相対性理論がわかった気がする」

一番前のテーブルに陣取るディップが感心したようにつぶやくと、となりに座るセレンもうなずく。

シュレは、真ん中のテーブルでナンシーと並んで座る石神《いしがみ》に向かって言った。

「では、入部テストの結果発表を……」

「ちょっと待て」とオッカムがさえぎる。

「いまの鈴木《すずき》の説明じゃ、まだ不十分だ」

シュレはオッカムをにらんで「毎年、入部テストは特殊相対性理論についてなのに、突然、一般相対性理論にすべきだって言ったのはオッカム先輩です。でも、鈴木くんはちゃんと一般相対性理論の説明をしました。これ以上、なんの文句があるんですか」

「どんな理論か、おおまかにはわかるかもしれないけど、アインシュタイン方程式の中身にまったく触れないまま、それで一般相対性理論の説明っていうのは……」

「いまの鈴木君の説明は、高校生としては十分だ」と石神が横槍《よこやり》を入れる。「アインシュタイン方程式の具体的な中身の話をしようとすれば、テンソル解析や曲率スカラーに言及しなければならない。それらは、明らかに高校生のレベルを逸脱している。よって、一般相対性理論の説明としては、いまので十分と考えていいだろう」

シュレの顔がぱっと明るくなり、オッカムはがっくりとうなだれる。

「ただ、一般相対性理論の説明が十分だったことと、入部テストとは別の話だ」

石神の言葉に、オッカムは顔をあげ、シュレは青ざめる。

「どういうことですか」とナンシーが尋ねる。

「渡井《わたらい》くんも言ったように、鈴木くんに一般相対性理論の話をさせたのは、不知火《しらぬい》くんが勝手にしたことだ。それを入部テストにするなんて、私は一言も言っていない」

「そんな……」

呆然《ぼうぜん》とするシュレを見て、オッカムは冷笑を浮かべる。

「では、どうするんですか」とナンシーが聞くと、石神は数馬をみつめる。

「重力波の話をしてくれたまえ」

石神の言葉で、教室がしんと静まり返る。

沈黙を破ったのはシュレだった。

「待ってください。一般相対性理論だって、いつものテスト範囲から外れていたのに、突然、重力波の説明をしろだなんて、そんなの……」

「このクラブの入部テストの範囲が相対性理論だって、誰が決めた？」

「えっ」

「このクラブにふさわしいかどうか、つまり、科学に興味があって、科学的な探求に喜びを感じているかどうか、テストしているんだ。毎年、たまたま特殊相対性理論の解説をテーマにしてきたが、本来、テストの範囲は科学全般だ」

「そんなの、ずるいと思います」

「ずるいと言うのなら、君たちもだろ。不知火君から聞いた。鈴木君に特殊相対性理論の問題を考えさせるよう、誘導したそうじゃないか」

「テストの範囲を前もって予習するのは、ズルとはいえないと思います」

「範囲なら問題ないが、この場合、テスト問題をそのまま教えたことにならないか」

シュレは、くちびるを噛《か》んで黙りこむ。

「それに、科学部に入りたい人間なら、当然、重力波くらい知ってるだろう」

「そんなの、詭弁《きべん》です。石神先生も不知火先輩も、鈴木くんを合格させたくないから、そんなむちゃくちゃなことを……」

「いいですよ」

教室にいた全員が数馬を見る。

「うまくいくかどうか、わかんないけど、やるだけやってみます」

「でも……」

「大丈夫」と数馬は優しくシュレに語りかける。

「こういうのも〝セレンディピティ〟って言うのかな」

数馬は石神に視線を移して「資料を見ながらの発表でもいいですか」

「かまわんよ。重力波は、自分でしっかり理解していなければ、どんな本や雑誌を参考にしても、簡単に説明できるような話ではないから」

数馬は、足もとに置いてあったカバンからノートを出しながら、

「それと、俺からも、提案っていうか、お願いがあります」

「なんだ」

「もし、テストに合格できたら、三つ、願いを叶えてほしいんです」

「言ってみなさい」

「一つは、少なくとも俺が学校を卒業するまでは、この部を存続させる」

「そんなこと、おまえが決めることじゃ……」とくってかかるオッカムの言葉を石神がさえぎる。

「よかろう。それから?」

「もう一つは、一つ目の願いごとを叶えるためにも、入部テストはやめて、これからは、希望すれば誰でも科学部に入れるようにする」

「そんなこと……」というオッカムのうろたえた言葉も、また石神に割り込まれる。

「あと一つは?」

「ニックネームは、つけても、つけなくてもいい」

石神は、しばらく怪訝《けげん》そうに数馬をみつめたあと、小さくうなずく。

数馬は、にっこり笑うと、シュレに座るよう目くばせした。

シュレが一番前のテーブルのディップのとなりに腰かけると、数馬は小さく深呼吸してから「じゃあ、重力波について、発表します」と言って、ノートを開く。

「**重力波は『時空の歪《ゆが》みの波』です**」と数馬が話し始めてすぐ、ディップが割って入る。

「ジクウって?」

数馬が説明しようと口を開くより早く、オッカムが苛立《いらだ》たしそうに、

「時間と空間を合わせて『時空』だ。物理学で、時間と空間を同時に扱ったり、お互いに関連したものとして扱うためにつくられた言葉だよ。そんなことも知らないのか」

オッカムの冷たい視線にディップがうつむく。数馬は鋭い視線をオッカムに投げたあと、優しい声で、ディップの方に語りかけるように話を続ける。

「一般相対性理論でも説明しましたが、重力はこの時空を歪めます。この歪みが波紋のようにどんどん広がっていく現象、それが重力波です」

オッカムがバカにしたように、

「そんな説明なら、中学生にだってできる」

石神は冷たい声で、

「もっと具体的に」

「わかりました」

数馬は手もとのノートに目を走らせる。

「一九一六年、アインシュタインは一般相対性理論をもとに『非常に質量の大きな物体が光速に近いスピードで動いたとき、そこで起きた時空の歪みは光速で波のように周囲に伝わっていく』と予言しました。それが、重力波です」

「科学者が予言なんてするの？」とディップが尋ねる。

「アインシュタインは理論物理学者です。特殊相対性理論も、一般相対性理論もそうですけど、実験結果や観測データで実証されなければ、理論の正しさは証明されません。だから、事実として観測される前は『予言』でしかないんです」

数馬は、ひと呼吸置いてから「特に重力波は、アインシュタインが遺《のこ》した多くの予言のなかで、ただ一つ、実証されていない『最後の宿題』でした。そして、二〇一五年九月、人類は初めて重力波を観測しました」

「観測成功が発表されたのは、半年後の二〇一六年二月だ」と割り込むオッカムを無視して、数馬はシュレたち三人に告げる。

「こうして、アインシュタインが予言した重力波は、1000人の科学者が、1000億円使って、100年かかって、やっと観測できたんです」

「1000人が1000億かけて100年⁉」とディップが声をうわずらせる。

「なんで、そんなにかかったの？」

「地球に届く重力波が、あまりに弱いからです。予言したアインシュタイン自身も『重力波は小さすぎるから、観測するのは不可能だ』って考えていたくらいで……」

「どれくらいの大きさですの」とセレンが聞く。

「大きさっていうか、重力波の強さは『時空をどれくらい歪めるか』で測ります」

「では、最初に観測された重力波は、どれくらい歪めたんですの」

「全体に対して10のマイナス21乗の割合でした」

ディップが顔をしかめて、

「できれば、なんか知ってるものにたとえてもらえると、ありがたいんだけど」

数馬は、ちらっとノートをみる。

「たとえば、太陽と地球の間の距離は約1億5000万キロです。その距離が……」

ディップが笑顔で割り込む。

「わかった！　地球1個ぶんだけ、伸び縮みするくらいの歪みね」

「ちがいます」

「じゃあ、東京ドーム1個ぶん？」

「ちがいます。水素原子1個ぶんです」

ディップの笑みは、すっかり消える。

「無理！　ちっとも想像できないよ」

「どうやって、そんな小さな重力波をつかまえましたの」とセレンが尋ねる。

「今回、世紀の大発見をしたアメリカの重力波望遠鏡のLIGOは……」

「ライゴ？」とディップが聞き返す。

「もとの名称は『レーザー干渉計による重力波の観測所』で、その英語の頭文字のLとIとGとOをとって『ライゴ』と呼ばれています」

「その望遠鏡、大きいんですの？」

「タテ4キロ、ヨコ4キロです」

ディップがばかにするような口調で「施設の大きさじゃないよ。望遠鏡のレンズの直径が何メートルかって聞いてんの」

数馬は、ディップになだめるような視線を向ける。

「レンズはありません。重力波望遠鏡は、一本4キロの二本のアームを直角につないだものです。重力波が通り過ぎるとき、このアームがどれくらい伸び縮みするのか、レーザーの干渉を使って観測するんです」

「実際には、どんな伸び縮みが観測されたんですの？」

「そうだよね。実際の話なら、ちょっとは想像できるかもしれない」

「そのときアームに起こった伸び縮みは、陽子の幅の約1万分の1の変化です」

ディップは、まばたきすらしない。

ずっと黙って聞いていたシュレが口を開く。

「そんなにわずかな差なら、アームの近くでクルマが通るときの揺れの方がはるかに大きくて、重力波による変化なんて、すっかり埋もれてしまいそうだけど」

シュレが質問してくれたことがうれしくて、数馬は笑みを浮かべる。

「観測装置には、地面の振動や磁場の変動、音の影響、電気雑音など、いわゆる『環境雑音』がいくつも影響を及ぼします。ですから、それらすべてのデータも同時に取って、環境雑音とは関係ないことも確認しています。そのデータ解析に使われた計算量は、パソコン2万台を100日間稼働させるのに匹敵します」

「2万台を100日？」とディップが声をもらす。数馬は小さくうなずくと、

「そういうこともあって、1000人もの科学者が必要だったんです。しかも、ライゴはアメリカのワシントン州とルイジアナ州に一基ずつ、合計二基あるんです」

ディップがいぶかしそうに「お金も相当かかるのに、なんで二つもつくったの？」

「観測した信号が重力波だってことを確実に証明するためです」

「具体的には、どういうことだね」

数馬はしばらく石神をみつめたあと、ノートに目を落とす。

「重力波は、二〇一五年九月十四日、ワシントン州のライゴで観測され、0・007秒後、ルイジアナ州のライゴで観測されて、宇宙の彼方に去りました。沖縄の南端から北海道の北端ほど離れた場所にある二か所のライゴで、重力波に似たノイズが10ミリ秒以内の時間差で観測されるのは、二〇万年観測しても一回あるかないかということがわかりました。そうし

た事象が偶然起きる確率は５００万分の１未満ということで、観測されたのは重力波だと証明されたわけです」

しばらく、誰も口を開かない。

沈黙を破ったのはシュレだった。メガネの奥の目を輝かせて、石神に問いかける。

「じゃあ、鈴木くんは、ちゃんと重力波について説明できたわけですから、入部テストは合格ってことで……」

「まだだ」と石神がさえぎった。

「たしかに、環境雑音の可能性をつぶすことは、科学的に不可欠な作業だ。しかし、実際は、観測された波形を見た瞬間、科学者たちは重力波だと確信した」

「観測した瞬間……ですか」とオッカムが不思議そうに聞き返す。

石神は、冷ややかな笑みを浮かべて「なぜ確信できたのか、説明できるかね」

数馬は、視線を石神から教室の後ろへと移しながら、

「二つのライゴで観測された波形が、〝彼〟の予言していた波形と、驚くほどよく似ていたからです」

みんなは数馬の視線を追い、白衣の人体模型を見る。

シュレが後ろを向いたまま尋ねる。

「彼って……アインシュタイン？」

「そうです。アインシュタインが予言してから一〇〇年後に地球にやって来た重力波の波形は、一般相対性理論と現代の最新の科学を駆使して、前もってシミュレーションしておいた波形と、ほぼ、ぴったり一致したんです」

数馬は、三人がこちらに視線を戻すまで待ってから、説明を続ける。

「物理学者たちは、一般相対性理論のアインシュタイン方程式をもとに、超新星が爆発したときの波形とか、連星の中性子星が合体したときの波形とか、いろんなパターンの重力波の波形を前もって割り出していたんです。とくにブラックホールの合体の波形が特徴的な形をしています」

数馬は立ち上がり、カタン、カタンと松葉杖《まつばづえ》をついて、黒板に歩み寄る。チョークのなかから短いものを三つ選ぶと、テーブルに戻り、シュレたち三人の前に座る。

「見えないひとは、近くに寄ってください」

オッカムが石神とナンシーのかたわらに立つのを待ってから、数馬は玉のように短くなったチョークを取り上げる。

「これが、太陽の約29個ぶんの質量のブラックホールだとします。それで……」

数馬は、さっきのより少し長いチョークをつまみ上げた。

「こっちは、太陽の質量の約36個ぶんのブラックホールです」

数馬はチョークをテーブルの上に置くと、両手の指先を使って、追いかけっこするみたいに回し始める。

「こんな感じで、二つのブラックホールはお互いの重力に引き寄せられながら、何十億年もの間、回っていました。遠心力よりも互いに引き合う重力の方が強いから、二つのブラックホールはだんだん近づいて、スピードはどんどん速くなって……」

数馬は、小さな円を描くブラックホールの追いかけっこを器用に加速させる。

「やがて、光の速さに近づくくらいまで、回転速度が上がり……」

どっちが大きくて小さいかわからないくらいに高速で回転させる。

「ブラックホールはなんでも吸い込んでしまうから、最後は……」

指の動きがぴたりと止まる。数馬は二つのチョークをぎゅっとくっつけたあと、そばに置いてあった三つめのチョークをつまみあげた。

「こんな感じで、太陽の約29個ぶんの質量のブラックホールと、約36個ぶんのブラックホールが合体して、約62個ぶんのブラックホールになったんです」

「ちょっと待って」とディップが声を上げる。

「29個と36個を足したら65個でしょ。3個たりないよ」

「その失われた太陽約3個ぶんの質量が『重力波』のエネルギーに変換されたんです」

「質量がエネルギーに変わった？」

「えぇ。アインシュタインが『$E=mc^2$』という数式で示したように、質量がエネルギーに変換されたわけです」

　石神は腕組みを解くと、わずかに身を乗り出す。

「そのブラックホールの合体の重力波の波形がどう特徴的だったか、説明できるかね」

　数馬はノートをめくり、あるページで手を止める。素早く目を通すと、立ち上がり、松葉杖をついて、黒板に歩み寄る。

「今回、世界初の重力波の観測で記録されたのは、二つのブラックホールが合体する直前の4回転と、合体した瞬間、そのあと一つになったブラックホールが震えて落ち着くまでの信号でした」

　数馬は、松葉杖を両脇に挟み、器用にバランスをとりながら、右手のチョークを黒板に走らせ始める。

「スピードを上げながら4回転するとき、質量がだんだん重力波に変わるので、観測される細かい波もだんだん大きくなって……」

チョークが通り過ぎたあとには、細かく上下に揺れながらジグザグの幅を広げてゆく横向きの白い竜巻が現れる。

「合体した瞬間、最大のエネルギーが放出され……」

チョークは大きく上下する。

「直後、一つになって、落ち着くまでの間、重力波が発せられて……」

細かく震える波が描かれる。

「これが、二つのブラックホールが4回転して合体し、一つになったブラックホールが震えて落ち着くまでの0・2秒間に発せられた重力波の波形です」

数馬は、チョークを置き、松葉杖でたどたどしくターンする。

「これだけ特徴的な波形が検知されたので、研究者たちは目にした瞬間、環境雑音だとは考えませんでした。逆に、あまりにきれいな波形なので『誰かが観測の状況を試すために、わざとニセのデータを紛れ込ませたんじゃないか』と疑ったくらいですから、誰もそんなことしていないとわかったら、重力波を観測したと確信したわけです」

数馬は、みんなに視線をめぐらせながら、落ち着いた声で続ける。

「研究者たちはアインシュタイン方程式を使って、太陽の質量の1倍から99倍までの質量を想定し、およそ5000通りの重力波の波形をシミュレーションしていました。ですから、検知された波形が重力波の波形とほぼぴったり一致したら、その波形を解析することで、太陽の質量の29倍と36倍の二つのブラックホールが合体したことがわかり、太陽の質量約3個ぶんのエネルギーが地球に届いたとき、どれだけ減衰するかを解析して、13億光年離れた場所で合体したことも割り出したんです」

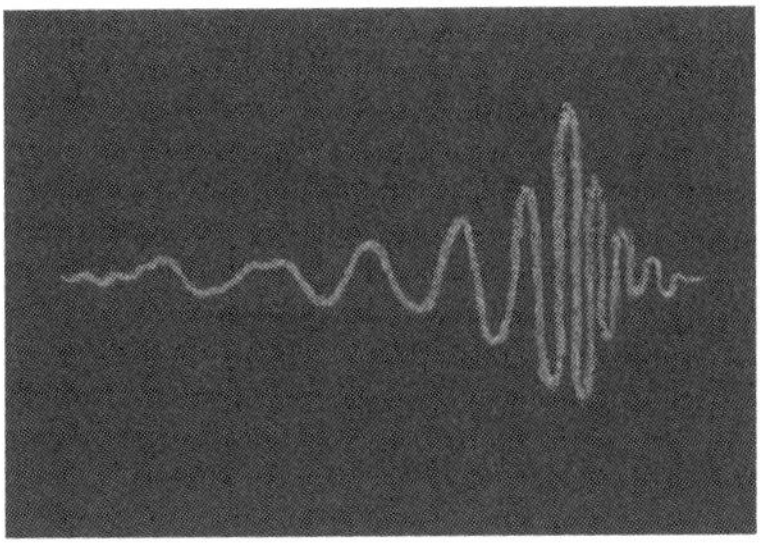

セレンが大きな瞳を輝かせながら「そのすべてが、一〇〇年前にアインシュタインが考えた一般相対性理論で計算できたってわけですわね」
「アインシュタインって、すごい！」とディップも声をうわずらせると、シュレが落ち着いた口調で言った。
「でも、彼の予言を信じて、一〇〇年もの間、解けない宿題をあきらめないで、挑み続けた科学者たちの執念も、すごいと思う」

「俺もそう思います。想像力を働かせて、アインシュタインの予言した世界の正しさを信じて疑わない科学者たちがいたからこそ、重力波の存在を証明できたんです」

しばらくの間、誰も言葉を発しなかった。

沈黙を破ったのはナンシーだった。

「じゃあ、テストは終わりね。鈴木くん、これで、あなたも科学部の……」

「まだだ」とオッカムが叫んだ。

「重力波の存在を証明するだけなら、七〇年代にアメリカの天文物理学者のラッセル・ハルスとジョセフ・テイラーが、連星の公転周期が短くなっていくのを観測して、間接的に重力波の存在を検証した。そのときから、重力波は存在すると信じられるようになり、その功績で二人はノーベル賞を受賞した」

「そうなの？」と驚くディップを無視して、オッカムは続ける。

「なのに、なぜ、１０００億円もかけて重力波望遠鏡をつくる必要があったんだ？」

「ハルスとテイラーは間接的に重力波の存在を検証しただけで、直接、観測したわけじゃないでしょ」とシュレが言い返す。

「重力波があるってわかればいいなら、間接的だろうが、直接的だろうが、関係ない」

シュレは声をふるわせて、

「そんなの、ただの言いがかりじゃないですか」

「いや、私も知りたい」と石神が深い声を響かせた。

シュレは石神をにらみつけようとしたが、鋭い眼光に見返され、うつむいてしまう。

石神は、視線を数馬に移すと、

「約束しよう。この質問に答えることができたら、今度こそ、鈴木君の科学部への入部を認めよう。重力波の存在は疑う余地もなかったのに、直接、観測することに、なんの意味があったんだね」

数馬は、石神の目をまっすぐみつめて答えた。

「重力波をじかに観測できれば、世界を変えることができるからです」

「どういう意味かね」

「重力波の観測で宇宙の姿がすっかり変わってしまうんです」

数馬は、シュレ、ディップ、セレンに目を向けた。

「十七世紀の初めに望遠鏡が発明されて以来、人類は、遠くの星の光をレンズで拡大して、目で観測する天文学を発展させました。二十世紀初めには、光だけじゃなく、いろんな天体が発する電波をとらえる『電波天文学』が始まります。二十世紀後半には、γ線やX線、紫外線などの電磁波で宇宙を観測する『電磁波天文学』も誕生して、人類は、かなり詳しく宇宙の姿を観測できるようになりました……ここまではいいですか」

ディップとセレンが同時にうなずく。

「でも、これまでの天文学には、大きな弱点があったんです。観測したい天体が光や電波などの電磁波を発したり跳ね返したりしなければ、観測できないですよね」

「ええ」とシュレが答える。

「でも、今回、**重力波を観測できたことで、ブラックホールのように電磁波ではとらえようのない天体でも観測できるようになった**……つまり、**まったく新しい『重力波天文学』がスタートした**んです」

「では」と石神が口を開く。「従来の天文学では解けなかった宇宙の始まりの謎が、重力波天文学でなら解けるかもしれないと考えられているのは、どうしてかね」

「光や電波も含めて、電磁波にできなかったことが、重力波にはできるからです」

「何ができるの?」とシュレが尋ねる。

「重力波は電磁波とちがって、なんでもかんでも通り抜けてしまえるんです。電磁波は跳ね返ったり吸収されたりするけれど、時空を歪めながら伝わる重力波は、そこにどんなものがあっても、時空ごと歪めてしまうから、跳ね返されたりしないで、ただ通り過ぎて、そのまま進んでいくことができるからなんですけど……想像できますか」

シュレは、頭のなかで時空を歪めながら進む重力波のようすを思い描いているのか、しばらく考えたあと、うなずいた。

「宇宙が誕生したころは、あまりに熱すぎて、光も電磁波も直進できなかったと考えられています。つまり、そのとき発生した光や電磁波は、俺たちの住む地球には届きません。でも、なんでも通り抜けてしまう重力波なら、地球に届くかもしれない。だから、もし宇宙が誕生した138億年前に発生した『原始重力波』が138億年かけて地球に届いて、それを観測して解析することができれば、**人類は宇宙誕生の謎を解くことができるかもしれない**……すごいと思いませんか」

数馬の興奮したようすにつられて、シュレとディップとセレンも、うんうんと何度もうなずく。

「ひとりの人間ができることは、かぎられているかもしれません。でも、人間の想像力は無限の可能性を持っています。いろんな人間が手を取り合って、想像力を働かせて未解決の謎に取り組んだり、夢や志を受け継いで、時代を超えて挑み続ければ、やり遂げられないことなんてないんです」

想像力は知識より大切だ――おだやかな響きが実験教室を満たした。

「知識は限られているが、想像力はこの世界を包みこむ――アインシュタインの有名な言葉だ」

そう言うと、石神はそっと目を閉じる。

「鈴木君は、どうして、重力波について、そんなに詳しいんだ」

「調べたからです」

「自分で調べたのかね」

「はい、俺ひとりで。昨日、朝から晩まで図書館にこもって」

「なぜ、重力波のことを調べようと思ったんだ」

「父の仕事が関係していたからです」

石神が、わずかにまぶたを上げる。

「きみのお父さんは、どこかの研究機関で働いていらっしゃるのかね」

「いまはアメリカの研究所にいます。さっきの話の初めに出てきた『アインシュタインの100年の宿題』を解く手伝いをした1000人の研究者のうちの一人です」

「素晴らしい仕事だ」

「はい、俺もそう思います。でも、もうすぐ、その仕事を終えて、秋には日本に帰ってきます」

「日本に？」

「えぇ。今度はKAGRAのプロジェクトに参加するって言ってました」

「おぉ、KAGRAか」

石神は感嘆の声を漏らして、ふだんは線のような目を大きく見開いた。

「カグラ？　何それ」とディップが石神のようすに驚きながら尋ねる。

数馬はチョークを手に取り、「二つの言葉の頭文字から作った造語です」

「造語？」

数馬はディップにうなずくと、

「一つは『神岡』のローマ字表記」と言って、黒板に「KAMIOKA」と書く。

「もう一つは『重力波』の英語名の『グラヴィテイショナル・ウェイブ』です」と言って、

黒板の「KAMIOKA」の下に「GRAVITIONAL WAVE」と書き、「KA」と「GRA」に丸をつけた。

「この二つの言葉の頭文字をとって……」

数馬は大きな文字で「KAGRA」と書きながら「『カグラ』です」

「最初の『カミオカ』って?」とディップが尋ねると、オッカムが苛立ちをにじませた口調で「ＫＡＧＲＡが建設されている場所の名前だ」と割り込んだ。

「科学部の部員なら『スーパーカミオカンデ』くらいは知ってるだろ。あれと同じで、岐阜県飛騨《ひだ》市の神岡町の鉱山につくってるんだ」

「ウェイブは波だから、グラヴィティショナルっていうのは……」というセレンの言葉には、シュレが答える。

「『重力』は英語で『GRAVITY《グラヴィティ》』」

シュレは数馬を見つめて「だから『重力の』っていう意味ね」

数馬はシュレに小さな笑みを送ると、チョークを置き、みんなに向き直って、ノートに目を落とす。

「今、観測で成果を出している重力波望遠鏡は、さっき話したアメリカのＬＩＧＯとイタリアのＶＩＲＧＯの二つです。ＫＡＧＲＡは、この二つより格段に先進的なんです」

「どうして」とシュレが興味深そうに尋ねる。

数馬はノートに目を走らせながら、

「ＫＡＧＲＡは地下２００メートルより深い場所にあるから、環境雑音がほかの重力波望遠鏡より少ない。重力波の観測で最も重要なレーザー反射鏡をサファイア製にしたのも世界で初めてです。それを高さ14メートルの振り子で吊《つ》るすことで、外部の振動の影響を減らしています。しかも、熱による分子レベルの揺れを排除するために、マイナス２５３度まで冷却した反射鏡を４つ使っています。そんな現代科学の粋を集めた日本のＫＡＧＲＡは世界最高精度の重力波望遠鏡を目指しているんです」

誰も口を開かない。

数馬は松葉杖をつき、石神の方へ、カタン、カタンと歩き出す。

「そのＫＡＧＲＡのプロジェクトに参加するために……」

数馬は、テーブルに松葉杖を立てかけ、石神の正面のイスに腰かける。

「父は日本に戻ってくるんです」

「そうか……よければ、一度、お会いして、お仕事の話を聞かせてもらえたら……」

「石神先生に呼ばれたら、もちろん、飛んできます」

「飛んでくる？」

「父から先生に伝言を預かってきています」

数馬は、ジーンズの後ろのポケットから、折りたたんだメモを取り出して広げる。

「俺が先生に読んでお伝えするようにと父から言われてるので、この場で読ませてもらいます。いいですか」

石神は不思議そうに数馬をみつめたまま、ゆっくりとうなずく。

数馬は、ふぅっと短い息を吐いてから、昨日の夜、病室で宗士郎《そうしろう》が書いてよこしたメッセージを読み上げる。

「〝他人のために生きる人生〟だけが〝生きがいのある人生〟である――先生が教えてくださったアインシュタインの言葉は、いまも私が科学の仕事を続けていくうえで、大きな支えになっています。ですから、私からも、先生にアインシュタインの言葉を贈ります――あなたや私のような人間は、ほかのみんなと同じように死ぬ運命にあるけれど、どんなに長生きしても歳《とし》をとらない。私たちは大きな神秘のなかに生まれて、その神秘の前で好奇心に満ちた子どものように立ちつくすことを決してやめないから――いまの私があるのは先生のおかげです。ありがとうございます。敬愛する石神先生へ。鈴木宗士郎より……これが父からのメッセージです」

石神は、そっとまぶたを下ろす。ナンシーが、呆然とした表情で「鈴木宗士郎って、たしか、この科学部を石神先生といっしょにつくった……」

「そうです。科学部を石神先生とつくったのは、俺の父です」

実験教室がしんと静まり返る。

シュレ、ディップ、セレン、ナンシーが緊張した面持ちで石神を見つめている。

石神は、目を見開き、数馬に告げる。

「合格だ。鈴木数馬君を正式に科学部の部員として認める」

ディップとセレンが「やったぁー!」と叫んで、互いの手を合わせる。シュレは、肩が動くほどの深い安堵《あんど》の息を漏らす。

石神は、数馬の手から宗士郎のメッセージの書かれたメモをつまみ取り「これは私がもらってもいいね」と言うと、立ち上がり、扉の方へと歩き出す。

去りゆく背中に、数馬が問いかける。

「じゃあ、さっき約束した三つのお願い、叶えてもらえるんですね」

石神は、教室の後ろの引き戸へと歩きながら「少なくとも再来年までは、私が顧問を続ける。希望者がいれば科学部に来てもらってもいい。ただし、しばらく、ようすをみて、半年後にテストして、科学部にふさわしい人間として合格できたら、正式に入部を認めよう」

「それって、また相対性理論を覚えなきゃいけないってことですか」

石神は扉の前で数馬をふり返り、

「いや、テーマは問わない。自分が興味を持ったことを科学的なアプローチで説明できれば合格だ」

「じゃあ、動物についての発表でも？」

石神は引き戸に手をかけて、

「この学校には生物部がないから、うちで面倒みてやる」

「砲丸投げで正確に的に当てる方法論とかでも？」

引き戸を開けた石神は面倒そうに、

「それはニュートン力学の範疇《はんちゅう》だから、もちろん、かまわんよ」

廊下に出ようとする石神に、数馬がすがるように言葉を投げた。

「じゃあ、ニックネームはつけてもつけなくても……」

石神は不愉快そうに「そんなの、私の知ったことじゃない」と吐き捨て、扉を開けたまま、行ってしまった。

小さく頭を下げた数馬に、ナンシーが歩み寄る。数馬の顔に自分の顔を近づけて、耳もとで「科学部にようこそ」とささやくと、ナンシーは顔を引き、いたずらっぽい笑みを浮かべてウインクすると、石神のあとを追った。

オッカムはナンシーを追いかけようとしたが、ふと立ち止まり、数馬をふり返る。

「僕はまだ、おまえを認めたわけじゃない」

数馬が黙ってにらみ返すと、オッカムは視線をそらし、いまいましそうに、

「でも、おまえみたいなバカでも、必死に磨けば、ちょっとはマシに……」

チッと舌打ちすると、オッカムはナンシーを追うように、教室を出て、乱暴に引き戸を閉めた。

数馬は視線をそっとシュレに移す。見られているとも知らず、シュレはオッカムが消えた扉を見つめている。その悲しげな表情に、数馬は胸を締めつけられる。

「シュレさん」と数馬が声をかけると、慌てて扉から視線を外す。

「ちょっと来てくれない」

数馬はシュレに優しく微笑《ほほえ》みかけ、教室の前の扉から廊下に出た。

数馬は、壁に松葉杖を立てかけ、開け放たれた窓にもたれて待つ。

しばらくすると、メガネを外し、白衣を脱ぎ、髪を束ねた渡井が現れる。

人気《ひとけ》のない運動場を眺めながら、渡井がつぶやく。

「ありがとう。これで、わたしたちの居場所、なくさずにすんだ」

数馬は、小さな沈黙のあと、夏の空に目を向ける。

「もし、感謝してくれるなら、叶えてほしいお願いがあるんだけど……」

「お願い？」

渡井が数馬を見上げる。数馬も渡井をみつめたけれど、言葉が出ない。

渡井が戸惑いがちに尋ねる。

「お願いって、何？」

「あのぉ……キスしていいですか」

渡井の頬が赤く染まる。数馬も、耳まで真っ赤になった。

もう一度、後ろから「キスしていいですか」とささやきかける艶っぽい声の方へ、ふたりはふり返る。

引き戸のすき間から顔だけのぞかせていたディップは、数馬とシュレににらまれて、残念そうにぼやく。

「なんだ……キスしないのか」

ディップの頭の上に顔をのぞかせていたセレンは、「うらやましいからって、あんまり茶化すもんじゃありませんわ」と言うと、ディップの肩に手をのせて、ゆっくりと実験室の方に引き込みながら、静かに引き戸を閉めた。

三週間後　夏の終わりと夢の始まり

数馬《かずま》は、ゆっくりと足首を回す。

「晴れてよかった」

渡井《わたらい》は、二の腕を伸ばしながら、数馬の左足を見る。

「もう痛くないの?」

「全然。でも、走るのは今日が初めてなんだ」

「そうなの」

「最初に走るのは渡井先輩とって、決めてたから」

太陽はまだ低く、川風はうるんでいる。

渡井が、軽く屈伸しながら尋ねる。

「科学部の入部テストに合格したとき、実験教室の前で鈴木《すずき》くんがわたしに頼んだ願いごと、やっとかなえてあげられる。でも、どうして、わたしと走りたいの?」

「渡井先輩にも、走ってるときの頭がからっぽな感じ、知ってほしくて」

「かえってたくさん考えちゃうかもしれない」

「それでもかまわない。走ると気持ちいいってことがわかってもらえれば」

数馬は両手を広げ、ゆっくりと深呼吸してから、首だけで後ろをふり返る。

「それにしても、あいつら、何しに来たんだ」

背もたれのないベンチには、黒のタンクトップにショッキング・パープルの短パン姿のディップがどっかと腰かけ、拓也《たくや》に肩をもませている。拓也は、後ろからのしかかるような体勢でディップの肩に体重をかけながら、なんとか彼女の胸もとを覗《のぞ》きこもうと必死にもがいていた。

「いいじゃない、みんな、楽しそうだから」

渡井の視線をたどると、あの大きな木の下で、迷彩柄の上下のスウェットを着た伸一《しんいち》と、すそにレースのひらひらがついた長いランニングスカートをはいたセレンが、足もとの草むらのなかの何かをみつめて、熱心におしゃべりしていた。

「じゃあ、あいつらはほっといて、そろそろ走ろう」

こくんとうなずく渡井に数馬が言う。

「メガネはかけて」

「どうして」

「走るときは、二人で同じ景色をちゃんと見たいから」

数馬をみつめていたシュレは、ウエストポーチからメガネを出すと、ポニーテールの根もとのシュシュに手をかけた。

「あっ、髪はそのままの方が走りやすいよ」

「でも……」

「あと、姿勢は、いつもの渡井先輩みたいに背筋をぴんと伸ばすんじゃなくて、胸も張りすぎないようにして、でも、シュレさんみたいに猫背になるのもNGで……」

「どうすればいいの」

「渡井先輩とシュレさんのあいだくらいの、リラックスした姿勢にしてほしいんだ」

「いつも、どっちかにふり切ってたから、『あいだ』って言われても、わかんない」

シュレは肩が動くほどのため息をついた。

「そう、それ。力の抜けた、いい感じ。その姿勢で走って」

数馬は、まっすぐに彼女をみつめる。

「シュレさんだけど、でも、渡井先輩で……なんて言えばいいのかな……そうだ、美月《みつき》さんだ。そんな感じのときは、美月さんって呼んでもいい？」

「母さんにしか、下の名前で呼ばれないよ」

「ほかにひとがいるときは呼ばないから。いまみたいにふたりのときだけ、シュレさんと渡井先輩が重なってる感じのときだけ、そう呼ばせてほしいんだ」

「重なってる、か……それこそ、ほんとの〝シュレディンガーの猫〟だね」

美月が浮かべた笑みに勇気づけられて、数馬は小さな声で告げる。

「俺は、シュレさんも、渡井先輩も、両方、好きです」

美月は、明るい声で数馬に答える。

「いいわ。美月さんって呼んで」

「じゃあ、俺のことは、数馬って呼んでよ」

「鈴木くんって呼ぶのに慣れちゃってるんだけど」

「ふたりきりのときだけでいいから」

美月は笑顔でうなずくと、ゆるやかに流れてゆく川へと視線をめぐらせる。

「ふしぎだね」

「何が」

「見えてるものは同じはずなのに、ひさしぶりに来てみたら、なんだか前とは変わったみたいな感じがする」

「俺なんか、美月さんに会ったときから、毎日、世界が少しずつ変わって見えてる」

「どうして？」

「さぁ、なんでかな……まぁ、重力のせいにはできないけど」

「重力のせい？」

数馬は照れ笑いを浮かべながら、上流を指差す。

「走ろう」

美月は、上目づかいに数馬を見上げる。

「どこまで」

数馬はゆっくりと走り出す。

「俺たちが出会ったところまで」

ふたりが走る道の先で、夏の終わりの入道雲が光っていた。

参考文献

『時間とはなんだろう　最新物理学で探る「時」の正体』松浦壮、講談社、二〇一七年
『宇宙を動かす力は何か　日常から観る物理の話』松浦壮、新潮社、二〇一五年
『アインシュタイン論文選「奇跡の年」の5論文』アルベルト・アインシュタイン、ジョン・スタチェル編、青木薫訳、筑摩書房、二〇一一年
『増補新版　アインシュタインは語る』アリス・カラプリス編、林一・林大訳、大月書店、二〇〇六年
『重力波は歌う　アインシュタイン最後の宿題に挑んだ科学者たち』ジャンナ・レヴィン、田沢恭子・松井信彦訳、早川書房、二〇一七年

解説イラスト・たむらかずみ

ちくまプリマー新書375

16歳《さい》からの相対性理論《そうたいせいりろん》――アインシュタインに挑《いど》む夏休《なつやす》み

二〇二一年五月十日　初版第一刷発行

著者　佐宮圭（さみや・けい）

監修　松浦壮（まつうら・そう）

装幀　クラフト・エヴィング商會

発行者　喜入冬子

発行所　株式会社筑摩書房
東京都台東区蔵前二‐五‐三　〒一一一‐八七五五
電話番号　〇三‐五六八七‐二六〇一（代表）

印刷・製本　中央精版印刷株式会社

ISBN978-4-480-68399-1 C0242 Printed in Japan